花坛花卉
优质穴盘苗生产手册

秦贺兰　主编

中国农业出版社

编著者名单

主　编　秦贺兰

编著者　秦贺兰　董爱香　姚士才

鲍青松　洪玉梅　郭　佳

张华丽　刘慧兰　吴红芝

前　言

花坛花卉作为城市绿化中的重要元素，在园林绿化中担负着营造绚烂的色彩、构成精美的图案、塑造立体的景观等重要使命。花坛花卉的生产在中国、美国乃至世界都已成为花卉产业的重要组成部分。20世纪末21世纪初，经济的飞速发展、奥运会的召开为我国花卉业发展带来了新的契机，花卉产业被誉为新兴的“朝阳产业”，我国花坛花卉发展进入了新的历史时期。园林绿化对花坛花卉的需求量迅猛增长，传统的育苗技术已无法满足园林绿化对花坛花卉大规模的需求。

穴盘育苗技术起源于20世纪60年代的美国，之后逐渐引入澳大利亚、以色列、哥伦比亚、日本等国，1998年正式引入我国花卉产业。由于穴盘育苗具有成活率高、苗株质量整齐、利于机械化操作、便于规模化生产及运输等优点，因此逐渐在花坛花卉种苗生产中得到认可并广泛应用。经过近十年的发展，花坛花卉穴盘育苗逐步发展壮大成为新兴产业，穴盘育苗成为花坛花卉种苗生产的主流。

种苗生产是技术密集型产业，是花坛花卉生产链条中科学技术含量最高的环节之一。花卉种苗的质量直接影响着花卉成品的质量，继而影响景观效果。目前我国花卉从业人员中专业技术人员所占比例仅为3.48%，远低于国外发达国家的水平。各生产单位在基质、水质检测、精准灌溉、营养诊断配方施肥、种苗生长的化学调控等技术方面水平参差不齐。只有提高专业技术人员的比例，促进科学化、标准化花卉穴盘苗生产技术的推广应用，才能给种苗生产提供足够的技术支撑。

本书集作者多年的花卉生产经验，着眼花坛花卉市场的发展前景，结合国内种植者对行业的需求，编著而成。简明、实用，符合我国社会发展水平，为产业服务，是本书的首要思想；语言平实、简练，深入浅出，用丰富、恰当的图片来配合阐述，以便于应用者理解和掌握，是本书的特色。期望对提升国内花坛花卉种苗质量，增加种植者收益，促进花卉行业的发展，尽绵薄之力。

内容上分总论和各论两大部分：第一至五章为总论，主要介绍我国花坛花卉发展应用现状以及穴盘育苗的环境设施、生产要素、生产技术、病虫害控制；第六章为各论，重点介绍国内一、二年生及多年生主要花坛花卉种苗生产的专业技术。

受水平、经验所限，加上科技的不断发展，新种类的不断涌现，书中错误、疏漏等在所难免，恳请读者批评、指正。

编著者

2011年12月

目　录

前言

第一章　穴盘育苗概况 …… 1

第一节　穴盘育苗的特点 …… 1

第二节　穴盘育苗的起源与发展 …… 3

第三节　我国花坛花卉产业化育苗发展现状 …… 4

一、我国花坛花卉生产现状 …… 4

二、花坛花卉穴盘育苗技术发展现状 …… 8

三、花坛花卉种苗产业化存在的问题 …… 11

第二章　影响穴盘育苗的环境因子 …… 13

第一节　温度 …… 13

一、温度对种子发芽的影响 …… 13

二、温度对幼苗生长的影响 …… 15

三、温度对穴盘苗花芽分化和开花的影响 …… 16

四、花坛花卉穴盘育苗的温度调节 …… 17

第二节　光照 …… 17

一、光照强度对穴盘苗生长发育的影响 …… 18

二、光照长度（光照时间）对穴盘苗生长发育的影响 …… 18

三、光的组成（光质）对穴盘苗生长发育的影响 …… 19

四、花坛花卉穴盘育苗的光照调节 …… 20

第三节　气体 …… 22

一、氧气对穴盘苗发芽的影响 …… 22

二、二氧化碳对穴盘苗生长的影响 …… 22

三、花坛花卉穴盘育苗的气体调节 …… 22
第四节　空气湿度 …… 23
一、高湿对穴盘苗生长的影响 …… 23
二、湿度过低对穴盘苗生长的影响 …… 23
三、花坛花卉穴盘育苗的空气湿度调节 …… 23

第三章　穴盘育苗的生产要素 …… 25

第一节　种子 …… 25
一、种子的类型 …… 25
二、种子的品质 …… 27
三、种子的寿命和使用年限 …… 28
第二节　基质 …… 32
一、基质的基本要求和作用 …… 32
二、基质的分类 …… 33
三、基质的性质 …… 33
四、基质常用的几种组分 …… 41
五、基质的配制 …… 43
六、基质的消毒 …… 44
七、基质的检测 …… 47
第三节　穴盘 …… 52
一、穴盘的规格和种类 …… 52
二、穴盘的选择 …… 53
三、穴盘的存放与消毒 …… 53
第四节　水分 …… 54
一、育苗的水质及其测定 …… 54
二、水质的调整 …… 57
三、穴盘育苗的浇水方式 …… 59
四、花坛花卉穴盘育苗的水分判读 …… 61
第五节　肥料 …… 61
一、植物所需的营养成分及其生理作用 …… 61

二、穴盘苗营养状况的诊断方法 …… 65
三、幼苗对营养元素的吸收特性及影响因素 …… 68
四、穴盘育苗肥料的种类及特点 …… 70
五、穴盘苗施肥的原理与技术 …… 73
六、穴盘苗生产中肥料施用应注意的问题 …… 76
第六节　植物生长调节物质 …… 76
一、穴盘苗生产中施用植物生长调节剂的意义 …… 76
二、植物生长调节剂的概念 …… 77
三、花卉穴盘苗生产中常用的植物生长调节剂及其使用方法 …… 77
四、常见花坛花卉穴盘苗生长调控措施 …… 80
五、植物生长调节剂施用效果的影响因素 …… 83

第四章　穴盘育苗的设施设备 …… 85

第一节　温室及其附属设备 …… 85
一、温室的类型 …… 86
二、温室的附属设备 …… 89
第二节　发芽室 …… 95
一、发芽室的建造 …… 95
二、发芽室的设备配置 …… 96
第三节　塑料大棚及其附属设施 …… 97
一、塑料大棚的类型 …… 98
二、塑料大棚的附属设施 …… 99
第四节　自动化播种生产线 …… 99
一、播种机种类与工作原理 …… 100
二、自动化生产系统 …… 101

第五章　穴盘苗生产技术 …… 103

第一节　播种 …… 103
一、播前准备 …… 103
二、播种 …… 105

三、覆土 …… 106
四、催芽 …… 106
第二节 穴盘育苗管理技术 …… 107
一、花卉穴盘苗的阶段划分及管理要点 …… 107
二、优质花坛花卉穴盘苗的标准及影响因素 …… 109
三、花坛花卉穴盘育苗的常见问题与控制 …… 111
四、花坛花卉穴盘苗冷藏技术 …… 116
第三节 病虫害控制 …… 118
一、农药的种类 …… 118
二、花坛花卉穴盘育苗常见病虫害及防治 …… 119
三、生物防治 …… 129
第四节 穴盘苗的包装和运输 …… 130
一、穴盘苗的包装 …… 130
二、穴盘苗的运输 …… 131

第六章 花坛花卉穴盘苗生产技术 …… 132

第一节 一、二年生类 …… 132
苘麻 *Abutilon roseum* …… 132
藿香蓟 *Ageratum conyzoides* …… 133
莲子草 *Alternanthera dentata* …… 134
香雪球 *Alyssum maritimum* …… 134
冠状银莲花 *Anemone coronaria* …… 135
香彩雀 *Angelonia angustifolia* …… 136
金鱼草 *Antirrhinum majus* …… 137
耧斗菜 *Aquilegia vulgaris* …… 138
四季秋海棠 *Begonia semperflorens* …… 139
球根秋海棠 *Begonia tuberhybrida* …… 141
雏菊 *Bellis perennis* …… 143
羽衣甘蓝 *Brassica oleracea* var. *acephala* …… 144
金盏菊 *Calendula officinalis* …… 144

翠菊 *Callistephus chinensis* …… 145
美人蕉 *Canna indica* …… 146
观赏辣椒 *Capsicum frutescens* …… 147
长春花 *Catharanthus roseus* …… 148
鸡冠花 *Celosia cristata* …… 149
矢车菊 *Centaurea cyanus* …… 150
白晶菊 *Chrysanthemum paludosum* …… 151
醉蝶花 *Cleome hasslerana* …… 152
彩叶草 *Coleus blumei* …… 153
大花金鸡菊 *Coreopsis grandiflora* …… 154
小丽花 *Dahlia hybrida* …… 155
大花飞燕草 *Delphinium grandiflorum* …… 156
石竹 *Dianthus chinensis* …… 156
双距花 *Diascia barberae* …… 157
马蹄金 *Dichondra argentea* …… 158
非洲金盏 *Dimorphotheca aurantiaca* …… 159
桂竹香 *Erysimum cheiri* …… 160
洋桔梗 *Eustoma grandiflorum* …… 160
勋章菊 *Gazania splendens* …… 161
千日红 *Gomghrena globosa* …… 162
堆心菊 *Helenium autumnale* …… 162
向日葵 *Helianthus annus* …… 163
伞花蜡菊 *Helichrysum microphyllum* …… 164
芙蓉葵 *Hibiscus moscheutos* …… 165
嫣红蔓 *Hypoestes phyllostachya* …… 165
新几内亚凤仙 *Impatiens hawkerii* …… 166
非洲凤仙 *Impatiens wallerana* …… 167
红苋 *Iresine herbstii* …… 168
姬金鱼草 *Linaria reticulata* …… 169
半边莲 *Lobelia speciosa* …… 170

紫罗兰 *Matthiola incana* …… 170
皇帝菊 *Melampodium paludosum* …… 171
猴面花 *Mimulus luteus* …… 173
龙面花 *Nemesia strumosa* …… 173
花烟草 *Nicotiana alata* …… 174
南非万寿菊 *Osteospermum* spp. …… 175
虞美人 *Papaver rhoeas* …… 175
天竺葵 *Pelargonium hortorum* …… 176
观赏谷子 *Pennisetum glaucum* …… 177
繁星花 *Pentas lanceolata* …… 178
矮牵牛 *Petunia hybrida* …… 179
火焰花 *Phlogacanthus curviflorus* …… 180
福禄考 *Phlox drummondii* …… 181
蓝雪花 *Plumbago auriculata* …… 182
半支莲 *Portulaca grandiflora* …… 183
花毛茛 *Ranunculus asiaticus* …… 183
金光菊 *Rudbeckia laciniata* …… 184
鼠尾草 *Salvia farinacea* …… 185
一串红 *Salvia splendens* …… 186
蛾蝶花 *Schizanthus pinnatus* …… 187
银叶菊 *Senecio cineraria* …… 188
瓜叶菊 *Senecio cruentus* …… 189
桂圆菊 *Spilanthes oleracea* …… 189
绵毛水苏 *Stachys lanata* …… 190
万寿菊 *Tagetes erecta* …… 191
孔雀草 *Tagetes patula* …… 192
土人参 *Talinum paniculatum* …… 193
夏堇 *Torenia fournieri* …… 193
美女樱 *Verbena hybrida* …… 194
三色堇 *Viola tricolor* …… 195

百日草 *Zinnia elegans* …… 196
第二节 宿根类 …… 197
聚花风铃草 *Campanula glomerata* …… 197
毛地黄 *Digitalis purpurea* …… 198
松果菊 *Echinacea purpurea* …… 198
天人菊 *Gaillardia aristata* …… 199
矾根 *Heuchera* spp. …… 200
火把莲 *Kniphofia uvaria* …… 201
薰衣草 *Lavandula angustifolia* …… 202
剪秋罗 *Lychnis senno* …… 202

附录 …… 204

附表 1 不同育苗基质的特性 …… 204
附表 2 穴盘育苗水质评价标准 …… 204
附表 3 一、二年生花卉穴盘苗生长周期与穴孔数的关系 …… 205
附表 4 宿根花卉穴盘苗生长周期与穴孔数的关系 …… 206

参考文献 …… 208

第一章 穴盘育苗概况

图1 矮牵牛穴盘苗

穴盘育苗是在育苗环境条件可控的设施中，以泥炭、蛭石等轻基质材料做育苗基质，将种子播种于穴盘内，采用精准灌溉、科学配比施肥等先进技术而形成的规模化育苗体系。因成株时根系填满穴孔，呈上大下小的塞子形（图1），美国将其称为“塞子苗”，日本将其称为“框穴成型苗”。

第一节 穴盘育苗的特点

传统花卉育苗，常采用苗床直播或平盘撒播（图2）的方式进行。和传统育苗相比，穴盘育苗有以下几个优点：

1. 精量播种 无论采用播种机播种还是手播，一穴一粒（需要多粒播种的除外），一粒一苗，成苗时互不干扰，避免了传统育苗大把撒播对种子的浪费，节约用种。

2. 减少病害发生 穴盘育苗常采用的基质为泥炭、珍珠岩、蛭石等。这些基质一般不含病菌、虫卵和草籽等杂质，减少了病虫害对幼苗的侵染，可以保证幼苗健壮生长。

3. 根系完整，一次成苗 传统的苗床或育苗盘育苗，移栽时极易对根系造成伤害，植物往往需要在根尖新生后才能开始

图 2　平盘育苗

继续生长。受损的根系也易受基质中各种病菌侵入从而罹患猝倒病、疫病、根腐病等病害。采用穴盘育苗，根系和基质盘结在一起，起苗时将种苗从盘中轻轻拔出，土坨完整不伤根（图 3），定植后只要温、湿度适宜，不经缓苗即可迅速进入正常生长状态，一般可比传统育苗提前 7～10 天。

图 3　穴盘苗根系

4. 幼苗成活率高　由于成株时根系彼此不缠绕，采用的基质无任何病菌侵染，穴盘网格式的结构也有利于阻挡土传性病害的蔓延，因而与传统的育苗方式相比，穴盘育苗幼苗成活率高。

5. 苗株质量整齐　穴盘育苗在人工控制环境中进行，能够保证最适的温度、光照条件，避免了恶劣自然气候环境的影响；使用相同的基质配比、精准的水肥管理和病虫害控制技术，保证了秧苗生长整齐健壮（图 4）。

图 4　整齐一致的穴盘苗

6. 品种纯正　穴盘育苗一般采用进口或专业生产的种子，可以保证种苗纯度，从而减少伪劣种苗泛滥。

7. 节约劳力、场地、能源　穴盘育苗中，由于轻型基质及播种机、悬挂式浇水机等现代化机械的使用，使工人的工作量大大减少，劳动强度也大大降低，可大幅提高劳动效率；同时便于集中育苗。据统计，穴盘育苗占地只有传统育苗的 1/5，每万株苗耗煤量是常规育苗的 25％～50％，可节省能源 1/2～3/4。

8. 便于机械化操作和统一管理，便于规模化生产　穴盘育苗从基质混拌、装盘、播种至淋水、覆盖，一系列作业均可实现自动控制，能够定时定量地批量生产，可以实现集装货运和长距离运输，便于规模化生产穴盘苗。

第二节　穴盘育苗的起源与发展

穴盘育苗技术起源于 20 世纪 60 年代。当时美国的 George Todd 发明了泡沫穴盘，并在白花菜育苗上使用。几乎同一时期，康奈尔大学教授 Dr. Jim Boodley 与 Dr. Sheldruke 提出用泥炭和蛭石以 1∶1 的比例混合作为育苗基质。之后水溶性肥料、播种机、浇水设备等资材相继推出，逐步形成了种苗的专业生产方式。1968年 George Todd 与 Bud Leicy 成立了第一家以生产蔬菜种苗为主的维生（Spleeding）公司。由于具备每穴精播一粒种子，根系完全分割；采用轻基质混合物填装穴孔，能够实现搬运和移栽作业的机械化等突出特点，穴盘育苗技术逐渐被引入澳大利亚、以色列、哥伦比亚、墨西哥、日本、韩国等。70 年代末 80 年代初，花卉穴盘育苗开始盛行。当时花卉穴盘苗的生产主要是以仙客来、报春花等温室花卉为主。为适应穴盘育苗的技术要求，新型自走式浇水机、雾控器、快速播种机、环境控制设备、肥料机、基质生产设备等相继开发问世。

80 年代中期穴盘育苗技术开始引进我国台湾省，主要用于蔬菜穴盘育苗。90 年代初期，维生公司开始用黑塑料穴盘进行花卉种苗的生产。1998 年维生公司拓展了中国的花卉种苗市场，成立了苏州和昆明两家花卉种苗生产公司。其后又相继拓展了淄博维生、广东维生、沈阳维生、深圳维生、上海维生等。在其影响下，国内的花卉种苗生产开始展开。

21 世纪的今天，北美和西欧等一些发达国家现代化的穴盘育苗方式已经成熟，日本也在大力发展穴盘育苗技术。为了提高我国花卉种苗的质量，与国际顺利接轨，我国花坛花卉业也逐渐接受穴盘育苗技术，并逐渐发展成为现代化的花卉穴盘育苗主力军。

第三节　我国花坛花卉产业化育苗发展现状

一、我国花坛花卉生产现状

1. 主要生产情况　花坛花卉通常是指露地种植或摆放在花坛或其他集中的地方，以展现群体美的花卉。主要包括一、二年生花卉和观赏效果接近一、二年生花卉的宿根花卉。花坛花卉作为城市绿化中的重要元素，在园林绿化中营造绚烂的色彩、构成精美的图案、塑造立体景观。20 世纪末 21 世纪初，经济的飞速发展、奥运会的召开为我国花卉业发展带来了新的契机，花卉行业被誉为新兴的“朝阳产业”，我国花坛花卉进入了新的发展时期（表 1）。2006—2010 年，全国花坛花卉的生产面积和数量总体呈上升趋势（图 5），花坛花卉的销售数量以 2007 年、2008 年为最高，两年花坛花卉的销售量占五年销售总量的 47.05%。花坛花卉的销售额总体呈上升趋势，但盆花单价呈下降趋势，由 2006 年的 2.1 元/盆下降到 2010 年的 1.6 元/盆，在经历一番竞争和整合后，产品价格空间趋于合理。

表 1　2006—2010 年度花坛花卉生产经营状况

统计指标	2006 年	2007 年	2008 年	2009 年	2010 年
花卉总种植面积（公顷）	722 136.1	750 331.9	775 488.9	834 138.8	917 565.3
花卉总销售额（万元）	5 562 339	6 136 971	6 669 595	7 197 581	8 619 595
总出口额（万美元）	60 913	32 754.5	39 896.1	40 617.7	46 307.6
盆栽植物类总种植面积（公顷）	72 798.77	77 253.6	73 823.4	81 710.6	82 908.9
盆栽植物类总销售量（万盆）	302 166.7	403 331.5	451 353.6	548 131.1	435 702.3
盆栽植物类总销售额（万元）	1 580 773	1 796 997	1 951 044	1 808 213	1 996 911
花坛植物种植面积（公顷）	17 732	17 055.7	16 374.6	19 692.4	19 195.09
花坛植物销售量（万盆）	128 467.2	237 233.7	228 835.3	186 012	210 046.3
花坛植物销售额（万元）	272 403.4	282 852.4	225 216.2	285 366.3	332 316.8
花坛植物出口额（万美元）	5 844.8	1 158.4	1 152.9	1 248.2	1 476.6
花坛植物种植面积占花卉总种植面积比例（%）	2.46	2.27	2.11	2.36	2.09

（续）

统计指标	2006 年	2007 年	2008 年	2009 年	2010 年
花坛植物销售额占总销售额比例（%）	4.90	4.61	3.38	3.96	3.86
花坛植物出口额占总出口额比例（%）	9.60	3.54	2.89	3.07	3.19

注：引自中国林业网 www.forestry.gov.cn。

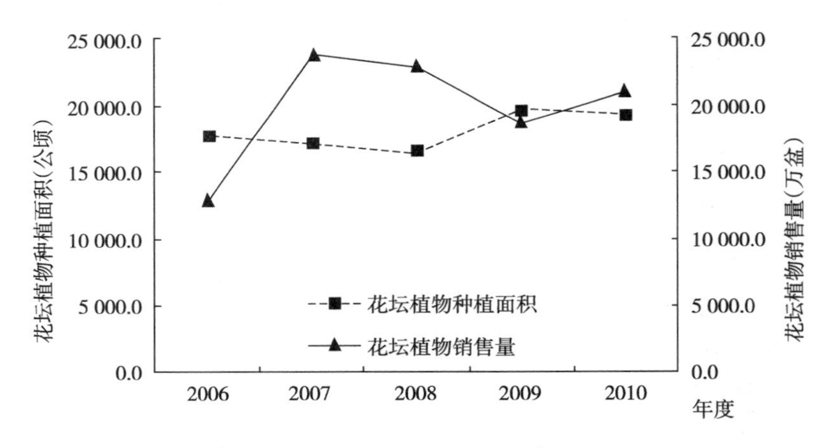

图 5　2006—2010 年全国花坛花卉种植面积和销售数量

2008 年北京奥运会举办前期，园林绿化对花坛花卉的需求量迅猛增长，致使传统的育苗技术无法满足园林绿化对花坛花卉大规模的需求。由于穴盘育苗具有成活率高、苗株质量整齐、利于机械化操作、便于规模化生产及运输等优点，该技术逐渐在花坛花卉种苗生产中得到认可并广泛应用。经过近十年的发展，目前大部分花坛花卉采用穴盘进行种苗生产。据统计，目前世界范围内穴盘苗生产量最大的是花坛花，其次是切花和蔬菜，扭转了穴盘育苗技术应用之初以蔬菜和高档花卉育苗为主的局面。

2005 年以前花坛花卉的主要植物种类为矮牵牛、万寿菊、三色堇、一串红等大众化品种，随着奥运会的承办、园林绿化水平的不断提高和打造国际化大都市的需要，一些绿化景观效果好但育苗技术相对较高的新优种类如四季秋海棠、非洲凤仙、皇帝菊、夏堇、长春花等生产数量逐年上升，并成为近年来专业种苗生产的主要种类。未来几年，随着新品种的不断涌现，花期长、景观效果好、抗性强、应用形式广泛而育苗技术难度相对较高的种类将逐渐成为花坛花卉穴盘苗的主打品种。

2. 生产企业及从业人员状况　目前，我国花坛花卉、盆花产业逐步发展壮大。国内的花坛花卉种苗企业除苏州、昆明、淄博、广东、沈阳、深圳、上海等维生分公司外，还有上海源怡种苗有限公司、大连西郊种苗公司、大连世纪种苗、森禾种业、北京天卉苑花卉研究所等。

我国目前的花卉从业人员主要为三类：一类是各地科研院所和高校的研究人员；第二类是花卉生产企业的员工；第三类人员是占据了花卉从业人数的绝大部分比重的花农。统计资料表明（表 2），2001—2010 年，从事花卉行业的花卉市场、花卉企业、花农和从业人员呈上升趋势。2010 年花农、从业人员及专业技术人员的数量基本上是 2001 年的 3 倍，但专业技术人员所占比例几乎没有明显的增长。

表 2　2001—2010 年中国花卉业从业实体及人员状况

年度	花卉市场（个）	花卉企业总数（个）	花农（户）	从业人员（人）	专业技术人员（人）	专业技术人员比例（%）
2001	2 002.4	21 974.9	422 763.7	1 458 832.25	46 489.9	3.2
2002	2 397	52 022	864 006	2 470 165	85 145	3.4
2003	2 185	60 244	954 660	2 934 064	97 267	3.3
2004	2 354	53 452	1 136 928	3 270 586	122 851	3.8
2005	2 586	64 908	1 251 313	4 401 095	132 318	3.0
2006	2 547	56 383	1 417 266	3 588 447	136 412	3.8
2007	2 485	54 651	1 194 385	3 675 408	132 214	3.6

（续）

年度	花卉市场（个）	花卉企业总数（个）	花农（户）	从业人员（人）	专业技术人员（人）	专业技术人员比例（%）
2008	2 928	55 192	1 302 240	3 834 441	146 450	3.8
2009	3 005	54 695	1 360 193	4 383 651	149 588	3.4
2010	2 865	55 838	1 525 649	4 581 794	159 681	3.5

注：引自中国林业网 www.forestry.gov.cn。

3. 近年来我国花坛花卉产业飞速发展的原因分析　花坛花卉生产的飞速发展，主要原因可以归纳为几点：一是奥运会引发的形势利好，刺激花坛花卉产业不断壮大。2001 年奥运申办成功以来，北京向国际化大都市进军的步伐加快，给园林绿化行业发展带来契机。二是随着经济的快速发展和人民物质文化生活水平的提高，对环境建设的水平要求也越来越高，环境建设的多样化和“绿化、美化、香化”的生态型园林城市的建设目标使环境建设对花坛植物的需求迅猛增加，从而导致花卉行业逐渐成为 21 世纪的“朝阳产业”。三是科技在花卉生产中发挥了积极的作用。在科技的带动下，我国的花卉产业（包括种苗生产）正在由数量增长型向质量增长型转变、管理粗放型向技术密集型转变。更多的专业技术人员将先进的科学管理技术带到花卉生产中，使花卉生产的数量和质量整体水平大幅上升。

二、花坛花卉穴盘育苗技术发展现状

1. 基质及替代体的研究　基质是穴盘苗赖以生存的空间，在穴盘苗的生长发育过程中起支撑、提供植物生长发育需要的水分、气体和养分的作用。穴盘育苗中因穴孔空间有限，基质还必须有良好的缓冲作用，以消除浇水、施肥或根系本身生理活动产生的有害物质对根系的伤害。有关育苗基质的物理性质研究主要集中在基质的保水性和透气性、吸水特性、水分释放及蒸发特性、基质的收缩和沉降特性等；化学性质研究主要包括基质的酸碱性（pH）、阳离子交换量（CEC）、电导率（EC）及组成元素种类等。目前花坛花卉种苗生产的基质主要为泥炭、蛭石、珍珠岩。研究基质配比对穴盘苗生长发育的影响并寻求每种植物最佳的基质配方，是穴盘育苗技术攻关的关键。

随着穴盘育苗技术的推广，泥炭等基质需求量不断加大。目前大规模育苗中使用的泥炭多以进口为主，其余来自我国的东北地区。泥炭为不可再生资源，研发本地化的育苗基质是避免泥炭资源的过度开采和降低生产成本的有效途径。华东地区用造纸厂废弃的芦苇末经堆制发酵合成的基质，在园艺作物的无土栽培中已取得很好的效果，目前正在本地推广以期替代草炭。江苏一带利用栽培食用菌的下脚料、禽畜粪便、植物秸秆，通过发酵、粉碎、加工等工艺制作成有机基质，具有吸热、蓄水能力强、有益菌含量高、含有氮、磷、钾及微量元素，同时含有病害防治药剂，有望在工厂化育苗中推广。有机基质穴盘育苗，一方面符合资源循环再利用的环保理念；另一方面，由于采用的是有机固态发酵物作基质，本身含有大量的营养成分，能满足作物对多种营养元素的需求，省略了营养液配制、补充等环节，操作简单，在蔬菜穴盘育苗上已进行了较为深入的研究，在花卉穴盘育苗中，有待进行研究和推广。

2. 水肥管理技术 与种苗生产有关的水质指标如 pH、EC、矿质元素含量等已逐渐引起生产者的重视，在一些种苗生产企业，已经具备了 pH、EC 检测仪器，并将水分和基质常规检测纳入生产管理程序中。灌溉水的碱度对基质酸碱性变化的影响要远远大于水的 pH 的影响，这一点已逐渐被种植者认知。

科学的水肥管理技术是穴盘育苗的关键。对番茄穴盘育苗的研究表明，随着基质相对含水量的减少，植株对氮素的吸收降低，氮的源库关系发生改变，植株体内碳氮比上升，从外观上，幼苗表现生长发育延迟，植株过早转向衰老。这一点科学地解释了花卉育苗中逆境胁迫下“小老苗”现象。但一定程度的干旱，又可使植株体内可溶性糖、还原糖含量上升，从而增强植株对逆境的抵抗能力，这是穴盘育苗中炼苗阶段的管理依据。因而在花坛花卉穴盘育苗中，应加强每种花卉有效供水量区间的研究，以期更好地利用控水技术进行育苗控制。

在肥料的管理中，营养诊断和配方施肥技术显现出更大的生产潜力。这将在以后章节中详细叙述。

3. 生长控制技术 目前常用的方法可简单地分为两类，一是采用控制温度、光照等环境条件和控制水分、肥料的方法来控制植株地上部和根系生长发育的平衡，称非化学控制。较常见的如使用负的昼夜温差（简写－DIF）、控水、施用硝态氮肥来控制茎、叶的生长、促进根系的生长等，这种方式比较安全。另一种方法是通过使用植物生长调节剂（plant growth regulators，简写 PGR）或其他化学物质来控制株型和调节生长速度，属于化学控制。如使用丁酰肼、多效唑、矮壮素、环丙嘧啶醇等。由于花卉穴盘育苗多数情况下依赖于温室等保护设施，常发生光照不足、通风不良等情况，在非化学控制无法奏效的情况下，化学控制是花卉种苗规模化生产中的常用措施。在国外花卉种苗的生产中，花卉化学控制已经比较成熟。但在我国花坛花卉生产中，这项技术还未被广大的种植农户所掌握。

4. 病虫害防治技术 温室适宜的温湿度和光照条件，为花卉幼苗的生长提供了适宜的环境，同时也为病虫的传播繁衍提供了最佳的场所。因而在现代化的花卉种苗生产中农药的使用较为频繁。但一些农药尤其是杀虫剂使用不当，会使花卉种苗遭受药害，同时对周围环境产生不良影响。加强环保型新型药剂的研发和更加科学、有效的生态防治措施的研究是未来生态农业的必然趋势。

5. 穴盘苗冷藏技术 穴盘苗冷藏技术是近年来国外针对穴盘苗已经达到移栽状态但因为气候、人力、场地等其他原因不能移栽时采用的一种临时应对、穴盘内延期保存措施。冷藏场所温度、湿度（基质的水分和空气湿度）、光照和肥料的控制是成功冷藏穴盘苗的关键。研究证明，大多数花卉穴盘苗冷藏的条件是低温（5℃）、低光（50～100 勒克斯）和较低的空气湿度和基质含水量。不同的花卉种类其穴盘苗适宜的冷藏时间不同。

三、花坛花卉种苗产业化存在的问题

1. 资源国产化亟须加强　种源国产化问题一直是国内花卉业亟须解决的问题。近年来国内一些科研机构在具有自主知识产权的花坛花卉的品种培育方面取得了一定进步，但与蓬勃发展的国外知名育种公司相比，在可自育的花卉种类数量、品种纯度、种子质量及种子的深加工（如种子包衣技术）等方面仍有很大差距。除此以外，种苗生产中使用的基质、种苗专用肥料以及温室、播种机等多数设施设备也主要靠进口，这一方面使生产成本居高不下，另一方面一旦设施设备出现问题无法及时解决，因而自主知识产权的种子、基质、肥料、环境设施等相关开发研究亟待加强。

2. 技术水平有待提升和推广　花卉种苗生产是技术密集型产业，是花坛花卉生产链条中科学技术含量最高的环节之一。应该看到近年来花坛花卉种苗整体生产的数量、质量与以往相比有了大幅的提高，生产的种类也更加丰富，但专业技术人员所占比例过少，2001—2010 年花卉从业人员中专业技术人员所占比例平均为 3.48%（表 2），远低于国外发达国家的水平。各生产单位在基质、水质检测、精准灌溉、营养诊断配方施肥、种苗生长的化学调控等技术方面水平参差不齐，种苗生产程序还不规范。提高专业技术人员的比例，加强种苗生产环节的科学化、规范化研究，及时制定相关的花卉种苗产品标准和生产技术规程并进一步推广应用，才能给种苗生产提供足够的技术支撑。

3. 生产经营模式还须优化　花坛花卉生产是由种源生产—种苗生产—盆花生产构成的有机链条，其中种源生产是龙头，必须加强科研投入来解决新品种开发、种子商品化生产等技术问题；种苗生产要依靠现代化的温室和科学化、规范化的管理技术；盆花生产对环境设施和技术的要求相对较低，经营相对灵活，规模可大可小。与这条链条对应，应该充分发挥不同部门的优势，形成科研院所（种源开发）＋企业（种苗生产）＋农户（盆花生产）的最优组合模式，以科研带生产、生产促科研，充分发挥科研机构、企业、农户的专长，才能形成规模化、专业化的花卉种子、种苗、盆花生产经营模式，增强产品竞争力，提升花卉产品整体质量。

4. 市场流通仍须加大 花卉生产与经营是一项新兴的朝阳产业，近年来由于花卉生产形势利好，许多花卉生产单位云集而上，但由于供需信息不通畅、产品质量欠缺等问题，一方面造成部分种类种苗积压，另一方面市场需求的新优种类供不应求，价格不菲。这主要与我国目前的种苗生产和流通体制有关。目前我国的种苗生产多数还是产后订单，后期的市场流通环节又比较薄弱，由于缺乏有效的供需信息和整体的统筹规划，造成优质不优价、市场无序竞争，打击花卉生产企业和花农的积极性。这些需要政府从宏观角度进行统筹调控，通过搭建供需交流平台、出台相关行业政策、及时发布相关生产、销售数据、预测市场行情等，来加强市场流通，鼓励有序竞争和以质论价。

花坛花卉的生产在中国、美国乃至世界都已成为花卉行业的重要组成部分。随着中国经济的发展，被誉为“朝阳产业”的花卉行业将逐渐向国际化靠拢并趋于成熟。在现今大好的发展形势面前，我们必须清醒地认识到现存的不足，抓紧机遇迎头赶上，大力发展国内的花卉行业。

第二章 影响穴盘育苗的环境因子

第一节 温　　度

温度是影响植物生长、发育的最重要的环境因子之一。温度对植物的影响包括影响种子萌发、幼苗生长、花芽分化与开花、种子成熟等方面。各种花卉在原产地气候条件的长期影响下，形成各自的感温特性，其生长都受限在一定的温度幅度范围之内。包括最低点温度、最高点温度和最适点温度，称为基点温度。基点温度不是常数，随着植物种类、同一种类的不同生长发育阶段、生长部位等而改变。一般来说原产热带的花卉三基点温度较高，原产寒带及高山地区的花卉三基点温度较低。从种子萌发、幼苗成长到开花结实，对于最适温度的要求常随发育阶段而变化。发芽阶段最适温度较高，炼苗阶段最适温度较低，果实或种子行将成熟时最适温度又将升高。

一、温度对种子发芽的影响

在最适温度范围内，种子发芽率最高，发芽时间最短，获得的苗株质量最好。超过最低点温度和最高点温度，种子不能萌发或发芽率大大降低。如一串红种子适宜的发芽温度为 21～24℃，30℃持续 4 小时以上的高温会使种子发芽率大大降低；同样，温度过低会导致一串红种子发芽时间延长或发芽率降低。一年生花卉种子发芽阶段要求较高的温度；二年生花卉（如三色堇、雏菊等）种子发芽阶段需要的温度相对较低（表 3）。

表3　部分花卉种子发芽最适基质温度

种类	拉丁名	最适发芽温度（℃）
鸡冠花	*Celosia cristata*	20～22
一串红	*Salvia splendens*	21～24
夏堇	*Torenia fournieri*	22～24
长春花	*Catharanthus roseus*	24～26
三色堇	*Viola tricolor*	18～20
皇帝菊	*Melampodium paludosum*	18～22
雏菊	*Bellis perennis*	18～20
冠状银莲花	*Anemone coronaria*	18～20

播种至发芽期间，地温（基质温度）对种子发芽出苗的影响远比气温重要。将基质温度控制在最适温度范围内，对保证出苗率、壮苗率、缩短育苗周期，具有十分重要的意义。一般情况下地温约是昼夜气温的平均数。适当提高气温有助于增加基质温度。种苗生产中浇水时要尽量使水温与基质温度相近，二者相差最大不得超过10～12℃，温差过大，根部生理活性受损，严重时甚至造成死亡。紫罗兰、金盏菊、金鱼草等一、二年生花卉，以15℃左右的地温最为适宜。提高灌溉水温度的最简便易行的方式是采用蓄水容器如蓄水池或蓄水桶（图6），提前贮水放置12～24小时之后应用，既有利于提高水温，也可使自来水中氯气等有害气体得以挥发，减轻对幼苗的伤害。

图6　蓄水桶

在冬春季节种苗生产中，为

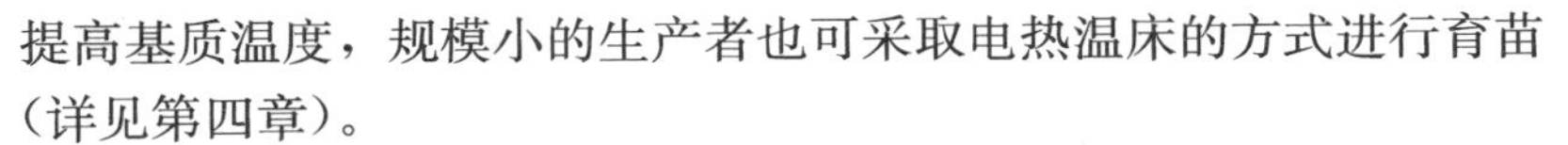

提高基质温度，规模小的生产者也可采取电热温床的方式进行育苗（详见第四章）。

对大部分花坛花卉来说，最适宜的基质温度为15～25℃，高温易使根系老化。

二、温度对幼苗生长的影响

温度对花卉幼苗生长的影响，主要表现在以下几个方面：

1. 温度对根系吸收水分的影响　基质温度对幼苗根系吸水影响很大，基质温度过低，常使根系吸水速率迅速下降，这主要是因为低温时水本身的黏度增加，扩散速率降低；原生质黏性增大，水分不易通过；呼吸作用减弱，影响主动吸水；根系生长缓慢，吸水表面积降低。基质温度降低对根系吸收水分的影响常因植物种类和生长发育时期不同而有所差别。喜冷凉的花卉如三色堇、金盏菊，根系在基质温度接近0℃时仍可保持一定的生理活性，继续吸水；而喜温暖的种类如一串红、长春花、秋海棠等在基质温度降到5℃以下，吸水明显下降甚至不能吸收。相反，基质温度过高对根系吸水也不利，一是高温使根系木质化程度加重，根系吸水面积减小，吸水速率下降；另外，温度过高使酶钝化，细胞质流动缓慢甚至停止。

2. 温度对根系吸收营养元素的影响　在一定的温度范围内，随温度的升高，根系对营养元素的吸收加快。这是因为温度促进了植物的呼吸作用，进而促进了根系主动吸收的过程。但基质温度过高（40℃及以上）或过低（0℃以下）时，根系对营养元素的吸收反会下降。这主要是因为高温下酶钝化，同时加速了根系的木质化进程，降低了根系吸收矿质元素的能力；相反，温度过低，酶活性下降，水分及细胞质黏性增加，离子进入困难，也不利于营养元素的吸收。

3. 温度对蒸腾作用的影响　在一定范围内，温度升高使水从叶片表面蒸发到空气中的速度加快，水分子通过气孔的扩散过程加速，促进蒸腾作用。但高于35℃以上的高温会使气孔开度变小。

4. 温度对光合作用的影响 植物的光合作用也有一定的温度范围。在光合作用的最低温度（冷限）和最高温度（热限）下，净光合速率为零。低温破坏光合功能的原因主要是叶绿体超微结构受到损伤，此外低温还会导致气孔开闭失调或使酶钝化。光合作用的热限一方面是光合功能酶在高温下受到破坏，另一方面是由于高温下呼吸作用增强而使光合产物迅速消耗，净光合率降低。不同种类的花卉，其冷限和热限数值大小不同，一般地说，耐寒型和喜冷凉的花卉，其冷限要比喜温的花卉低得多。

5. 温度对呼吸作用的影响 温度主要通过影响呼吸酶的活性来影响植物的呼吸速率，影响规律是：在最低温与最适温之间，呼吸随温度的升高而加快；而超过最适温之后，随温度的升高呼吸速率反而下降。花卉种类不同或同一种花卉在不同的生长阶段，呼吸的基点温度也不一样。

6. 温周期现象 温度的周期性变化对生长发育的影响叫温周期现象。包括年周期现象和日周期现象两种。温带植物的生长随季节的变化表现为年周期现象，即春季开始萌芽，夏季旺盛生长，秋季生长缓慢，冬季进入休眠。但有些植物年周期反应不完全一样，如仙客来、倒挂金钟等，夏季进入休眠或半休眠状态。日周期现象即昼夜温度变化影响植物生长的周期性现象。昼夜温差现象是普遍存在的。当白天温度高于夜间温度时，称正的昼夜温差（+DIF）。正的昼夜温差有利于光合产物的积累，加速地上部生长，植物表现为节间长、生长快。一般自然条件提供我们的都是正的昼夜温差。当白天温度低于夜间温度时，称负的昼夜温差（－DIF）。负的昼夜温差利于缩短节间和促进根系的生长。种苗生产中常利用日出前的2小时降低温度来达到负的昼夜温差，调节种苗地上部和根系的生长比例，控制地上部徒长。但注意不要使温度低于温度下限。

三、温度对穴盘苗花芽分化和开花的影响

三色堇、金鱼草等二年生花卉和耧斗菜、飞燕草、婆婆纳等部分宿根花卉需在第一年秋季或冬季播种，种子（或幼苗）经历0～

5℃的低温后才能正常进行花芽分化与开花，这种低温促进植物开花的作用称春化作用。

温度对花卉的花芽分化和发育也有明显的影响。花卉种类不同，花芽分化和发育要求的适温也不同，许多原产热带的花木类（如杜鹃、山茶、紫藤等）和球根类（如唐菖蒲、晚香玉、郁金香、美人蕉等）花卉在夏季较高温度下（25℃）进行花芽分化，而原产温带和高山地区的花卉花芽分化要求在20℃以下较凉爽条件下进行，如八仙花、三色堇、金盏菊、雏菊等。

四、花坛花卉穴盘育苗的温度调节

1. 降温　一般高纬度地区气温低，温室设置有顶窗和侧窗，自然通风即可。中、低纬度大陆性气候明显地区，在炎热的夏季除喷雾降温、打开外遮阳降温外，还需配备风机、水帘才能达到排风降温的目的；空气潮湿的海洋性气候地区，可以不设水帘和喷雾降温设施。降温时要综合考虑光照、湿度等条件，实行同步协调控制。

2. 加温　加温设施可根据当地的极端低温和温室的保温能力来选定，以保证在极端低温来临时温室作物不受冻害为准。可根据经济承受能力和当时产品的市场来决定是否有必要进行加温生产。

3. 基质加温　发芽期间基质温度对种子出芽的影响远比气温重要，因而采取适宜的措施提高基质温度对发芽及穴盘苗根系生长有直接的促进作用。比较经济的措施如通过地热水加热、电热温床加热等，但应注意温度过高时许多花卉种子的发芽效果不好，原因可能是高温导致种子热休眠或胚根等幼嫩器官的损伤；同时应注意保持基质温度稳定，避免基质温度过于波动。

4. 调节昼夜温差　利用调节昼夜温差的方式，也可调节植株的生长状态。

第二节　光　　照

光照对穴盘苗生长的影响因素主要为光照强度、光照时间和光质（光的组成）。

一、光照强度对穴盘苗生长发育的影响

1. 光照强度对种子发芽的影响 种子依据其发芽对光照的要求分为3种类型。一是嫌光种子，此类种子萌发时受光抑制，黑暗则促进萌发，如西瓜、苋菜、仙客来、福禄考、长春花等。二是中性种子，萌发时对光照无严格要求，在光下或暗处均能萌发，大多数花卉属于此类型。三是喜光性种子，萌发时需要光照，如秋海棠、非洲菊、洋凤仙、洋桔梗、花烟草、矮牵牛等。喜光种子的萌发受红光促进（660纳米），被远红光（730纳米）抑制。100～1 000勒克斯的光照强度即可使种子萌发。

2. 光照强度对幼苗生长的影响 依花卉生长对光照强度的需求可以分为3个类型：

阳性花卉：这类花卉必须生长在完全的光照条件下，光照不足生长不良。如多数一年生和二年生花卉，以及景天科、仙人掌科和番杏科等多浆植物。

阴性花卉：该类花卉要求在适度荫蔽的条件下方能正常生长，不能忍受强烈的阳光直射如蕨类植物、苦苣苔科植物、天南星科及秋海棠科等花卉。

中性花卉：此类花卉对光照强度的需求介于上述两者之间，如耧斗菜、桔梗等。

一般植物的最适需光量为全日照的50％～70％，多数植物在50％以下的光照下生长不良。花坛花卉穴盘育苗过程中，大部分种类在25 000～40 000勒克斯的光照强度下，幼苗能够进行正常的光合作用，植物生长健壮；光照过弱，易使幼苗徒长；过强，易出现水分胁迫，叶片灼伤，促进早熟，一串红、鸡冠花等易形成小老苗。

二、光照长度（光照时间）对穴盘苗生长发育的影响

植物对白天和黑夜的相对长度的反应称为光周期现象。根据植

物开花对光照时间的需求可分为 3 种类型，即短日照类型（如菊花、波斯菊、一品红等）、长日照类型（如紫茉莉、唐菖蒲、瓜叶菊、金盏菊、中国凤仙等）和日中性类型（如百日草、香石竹、大丽花、洋凤仙等）。了解花卉开花对日照长短的要求，对于适时播种有重要作用。那些短日照型种类如万寿菊的某些品种在秋冬季生产穴盘苗时，整个生产周期往往比春夏季短，株高也矮得多。另外，同一种类的不同品种开花对光周期的反应也会有所不同，如普通矮牵牛对日照长度要求不十分敏感，属日中性花卉，但 10 小时日照会推迟花期 1 周。垂吊矮牵牛紫色系列为典型的长日植物，日长 13 小时以上才能开花。目前育种公司推出的许多花卉新品种对光周期的反应已不很明显。

三、光的组成（光质）对穴盘苗生长发育的影响

植物光合作用只利用波长 400～700 纳米的可见光。红光、远红光对穴盘苗生长发育的作用截然不同（表 4）。叶片优先吸收红光，当穴盘育苗进入阶段Ⅲ时，红光易被上层叶片吸收，被遮盖的下层部位处于远红光高于红光的环境中，高比例的远红光刺激植物下部节间伸长，分枝减少，下部叶黄而薄，使穴盘苗呈现徒长的状态。

表 4　植物对红光和远红光的反应

植物指标	红光	远红光	植物指标	红光	远红光
茎伸长	阻止	促进	叶片厚度	厚	薄
分枝	促进	阻止	叶片角度	水平	向上
叶片颜色	深绿	浅绿	茎根干重比	低	高

注：引自 Erwin《Build a better plug》。

科学研究和实践证明，红光、橙光有利于植物碳水化合物的合成，蓝光有利于蛋白质的合成，蓝紫光和紫外光能抑制茎的伸长生长和促进花青素的形成。采用蓝色棚膜进行种苗生产，可大量透过 400～500 纳米波长的蓝紫光，抑制幼苗徒长；同时可吸收 600 纳

米的橙光，使棚内温度升高。

四、花坛花卉穴盘育苗的光照调节

种苗生产中光照的调节，分为补光和遮光。

1. 补光 种苗生产中，长期遇阴雨天气或光照不足（一般情况下在室内光照小于3000勒克斯）时，要及时补光，否则易使幼苗徒长。

（1）光源 植物光合作用对光谱有一定要求，称为光谱匹配条件，光谱中能被植物吸收的有效成分称为生理辐射，其他成分不能被植物吸收。补光可选择的光源有白炽灯、日光灯、高压钠灯、氙灯、金属卤灯等。对镝灯、高压钠灯、金属卤化灯三种光源测定结果表明，镝灯补光效果最好，其光谱能量分布接近日光（也称生物效能灯），光通量较高（70勒克斯/瓦），按照每4米^{2}安装一盏400瓦镝灯的规格，补光系统可在阴天使光强增加到4 000～5 000勒克斯。高压钠灯理论光通量很大（100勒克斯/瓦），但实际测试结果远不如镝灯，同样安装密度条件下，400瓦灯下垂直1米处，钠灯光强从2 200勒克斯提高到3 200勒克斯，镝灯可提高到5 000勒克斯。此外，钠灯偏近红外线的光谱能量的比例较大，色泽刺眼，不便灯下操作。金属卤化灯是近年发展起来的新型光源，理论发光效率较高，但测定结果不如钠灯，且聚焦太集中，不适合作为温室补光之用。荧光灯比较有效，但为达到正常的光强需要较多的固定装置，这会挡掉很多的自然光。白炽灯只有在要求较低的光周期处理中才使用。

（2）光强要求 光合作用对光强有一个最低的要求（阈值），称为光补偿点。低于光补偿点，没有净光合产物的积累，完全起不到补光的作用。高强度补光主要是促进作物光合作用，也称栽培补光，要求补光强度在2 000～3 000勒克斯以上。一般要求冠层水平平均光强为4 300～5 400勒克斯。可采用400～500瓦的生物效应灯（镝灯）或高压钠灯，在阴天能把光照强度提高到4 000勒克斯左右。调节开花期、为满足植物光周期要求而进行的补光，一般只要求22～45勒克斯的光照度，也称低强度补光。同时根据需要还可在日光温室的北墙悬挂或地面（床面）铺设反光膜以改善室内的光照均匀度，称反射补光，补光的同时可适当提高室内的温度。紫外线是波长0.05～0.40微米的电磁波，紫外线补光可有效抑制种苗节间的伸长，利于控制徒长。由于玻璃、塑料膜等透光材料对紫外线的吸收率较大，与可见光相比，温室内紫外线处于低水平状态。

（3）光源的布置　应根据温室需要的光强和构造确定灯的高度和间隔。补光时光源离植株上方50～100厘米。平均光照不小于100瓦/米^2。

2. 遮光　炎热的夏季，当光照强度过强时，应及时遮光，一是避免光照过强造成幼苗灼伤，二是有效降低温室内的温度。一般遮光20%～40%，便可降温2～4℃。常用的材料为遮阳网，根据安置位置可分为内遮阳（图7）和外遮阳（图8）。冬季使用内遮阳可以防止红外辐射散热以提高室温；夏季使用外遮阳，在遮光的同时可有效降温。外遮阳的设置必须根据品种对光照强度的需求选用不同遮光率的遮阳网，同时要考虑温室本身的最大透光率，大型温室遮阳网的启动和光照调节应以智能化控制为好。华北、东北地区夏季在普通塑料大棚进行种苗生产，为避免日照过于充足，可选用遮光率50%～70%的遮阳网。

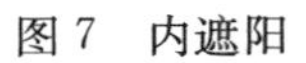

图7　内遮阳

图8　外遮阳

第三节 气 体

一、氧气对穴盘苗发芽的影响

与穴盘苗的生长有关的气体主要指氧气和二氧化碳。播种后基质内没有充足的氧气，种子不能进行正常的呼吸作用，内部的生理代谢活动不能顺利进行，使正常的发芽过程受阻；只有少数水生植物的种子，能在缺氧状态下发芽。另外播种时浇水太多种子进行无氧呼吸、产生乙醇等有害物质甚至腐烂。基质中合适的水/气是保证种子正常发芽的关键，有关这一问题将在第三章详细介绍。

二、二氧化碳对穴盘苗生长的影响

环境中的二氧化碳（CO_2）是植物进行光合作用的原料，在一定范围内，植物净光合速率随CO_2浓度增加而增加，但达到一定程度时，光合速率不再增加，这时环境中CO_2的浓度称为CO_2饱和点。在CO_2饱和点以下，随着CO_2浓度的降低，光合速率也下降。当植物光合作用吸收的CO_2浓度与呼吸作用释放的CO_2达到动态平衡时，即净光合速率为零时环境中CO_2的浓度称为CO_2补偿点。植物光合作用CO_2补偿点的高低与植物种类有关，C_3植物CO_2补偿点约为50微升/升（98.2毫克/米^3），其CO_2饱和点为150～1 000微升/升（294.6～1 964毫克/米^3），C_4植物（多为禾本科、菊科等较耐旱的植物）CO_2补偿点很低，只有0～5微升/升（9.82毫克/米^3）。

三、花坛花卉穴盘育苗的气体调节

自然界中CO_2为350微升/升（687.4毫克/米^3），可以完全满足植物对CO_2的需要。而在温室这种密闭的环境中进行种苗生产时，受密闭环境条件影响，从日出开始，植物开始进行光合作用，大量消耗CO_2，中午前后降到200微升/升（392.8毫克/米^3），不能满足正常光合作用的需求，植物出现“饥饿”现象。可经常通风，利用环境和自然环境的气体交换以保证CO_2供应充足，有条件的可施用CO_2气体肥来满足植物正常光合作用对CO_2的需求。

穴盘育苗需要的CO_2浓度一般在600～1 500微升/升（1 178.4～2 946毫克/米^3），不要超过5 000微升/升（9 820毫克/米^3），否则会对人产生危害。同时应该注意，CO_2同温度、光照、湿度和养分等因素一起相互作用来共同影响植物的生长发育。

第四节　空气湿度

一、高湿对穴盘苗生长的影响

适宜植物生长的空气湿度（RH）一般在50%～85%。当温室内空气湿度超过85%时，对穴盘苗生长是不利的，一方面容易抑制植物的正常蒸腾和诱发真菌病害；另一方面易引起温室结露，降低温室的透光率，引起徒长。这主要是因为高湿度下，植物的蒸腾作用降低，水分吸收减少，溶在水中随水吸收的钙肥等也会减少，影响植物细胞壁的加厚，从而幼苗节间过长、茎段细弱、分枝少、产生的根也少。

二、湿度过低对穴盘苗生长的影响

在北方的春秋季节，由于空气干燥，常会出现相对湿度偏低的问题，温室内的相对湿度有时低于30%，对穴盘苗的正常生长造成障碍，如引起叶片、花瓣卷曲或边缘失水干枯，同时易诱发病毒病和白粉病的发生。

三、花坛花卉穴盘育苗的空气湿度调节

可通过通风来降低室内的空气湿度。现代化温室中空气湿度过大时可借助于排风扇排湿或通过短期升温来达到降低湿度的目的。

环境湿度过低时，可通过地面洒水来增加湿度；有条件的温室内也可以增设微喷加湿设施，根据不同品种对湿度的要求进行自动调节，把温室内的空气相对湿度白天控制在60%～85%，夜间空气相对湿度控制在50%～70%，才能有利于多数花卉穴盘苗的正常生长。

第三章 穴盘育苗的生产要素

第一节 种　　子

一、种子的类型

专业生产的花卉种子的产品类型有如下几种分类方式。

1. 按生产方式分

（1）常规种　即不经过父母本的杂交，下一代的性状与亲本相同。可用常规繁种方式进行生产的种类，如头状鸡冠花、波斯菊、金鸡菊、六倍利、一串红、美女樱、孔雀草等。

（2）杂交种　即通过父母本杂交产生的种子。播种后代具备父母本的优良性状，抗性强。目前流行的花坛花卉（尤其进口种子）多为杂交一代（F_1），如藿香蓟、四季秋海棠、万寿菊、矮牵牛、羽衣甘蓝、金鱼草等的种子。

2. 按种子处理方式分

（1）普通种子　即通常所指的未经处理的种子，如鸡冠花、一串红的种子。

（2）包衣种子　即种子外被包衣物质。包衣物质一般分内外两层，外层保持种子适宜的形状，具有吸湿性和可溶性，内层含有肥料和杀菌剂。根据内部包被种子的多少又分为：

丸粒化种子：一丸只含一粒种子，通常所说的包衣种子即为此类。这类种子一般颗粒细小，通过包衣后，大小均匀，适应机械化快速播种（图 9）。目前国外进口的种子如四季秋海棠、矮牵牛、大岩桐、洋桔梗等的种子一般都是丸粒化包衣种子。

图 9　适于机械化播种的丸粒化种子

多粒种子包衣：包衣时将多粒种子包在一起，发芽后一穴多株。如进口的六倍利、姬金鱼草、半支莲等的种子。

种子包衣的生产程序一般为种子准备→精选→转锅包衣→制成圆球形包衣种子→过筛→制成合格丸粒种子→用烘干机烘干→进行防潮包装→保存。种子包衣技术方便了种子极其细小的蔬菜、花卉种类的机械化精量播种。

（3）精选种子　经过分级、刻划及其他处理的种子。如千日红、羽扇豆、鹤望兰等的种子。

（4）脱化种子　主要有脱毛、脱翼、去尾等。经过这些程序后，使种子更适合播种机进行机械化生产。

（5）预发芽种子　经过一定的预发芽处理的种子，该类种子发芽率高、发芽迅速，但贮藏期短。

3. 按种子重量或大小分

（1）按种子的千粒重分

很大粒种子：千粒重大于 1 000 克。如唐菖蒲种球。

大粒种子：千粒重在 100～1 000 克。如紫茉莉的种子。

中粒种子：千粒重在 10～99.9 克。如金盏菊、仙客来的种子。

小粒种子：千粒重在1～9.9克。如凤仙花、百日草、蜀葵、一串红、万寿菊、三色堇的种子。

很小粒种子：千粒重在0.1～0.99克。如大花马齿苋、矮牵牛、鸡冠花、藿香蓟的种子。

微粒种子：千粒重不足0.1克。如蒲包花、大岩桐、四季秋海棠的种子。

（2）按种子粒径大小（以长轴为准）分

大粒种子：粒径在5.0毫米以上。如万寿菊、美人蕉、紫茉莉等的种子。

中粒种子：粒径在2.0～4.9毫米。如一串红、矢车菊的种子。

小粒种子：粒径在1.0～1.9毫米。如三色堇、长春花、鸡冠花的种子。

微粒种子：粒径在1.0毫米以下。如四季秋海棠、矮牵牛、大岩桐等的种子。

二、种子的品质

高品质的种子是穴盘育苗取得成功的基础。

1. 高质量的种子应具备的特征

（1）发育充实　这样能够保证较高的发芽率和发芽势，保证壮苗。

（2）富有生活力　种子的生活力因植物种类、种子成熟度及包装、贮藏条件而异。恰当的采收时间，正确的处理、包装和贮藏，对保证种子的生活力起着决定性作用。

（3）品种纯正，纯净度高　品种纯正、没有混杂才能保证品种的优良特性，纯净度高则是精准计量播种的需要。

（4）无病虫害　无病虫害的种子是生产健壮种苗的第一关。自己留种做生产用的，必须从健壮植株上采收种子。

2. 优质种子的测试指标

种子净度（%）＝（供检样品总重量－废种子重量－杂质重

量）÷供检样品总重量×100

种子发芽力：指种子在适宜的条件下（实验室可控制的条件下）发芽并长成正常植株的能力，通常用发芽率和发芽势来表示。

发芽势（%）=规定测试发芽势天数内正常发芽种子数÷供试种子数×100

发芽率（%）=规定测试发芽率天数内正常发芽种子数÷供试种子数×100

种子用价（%）=种子净度（%）×种子发芽率（%）

穴盘育苗中，发芽率相同的种子，发芽势高的更容易获得长势一致的种苗，也更利于机械化、均一化管理。

三、种子的寿命和使用年限

通常把生长发育正常、没有机械损伤的种子在一定环境条件下能维持生命力的年限称为种子寿命。多数一、二年生花卉的种子寿命为2～3年。花卉种子寿命的长短除受植物本身遗传特性和生理特性的影响外，也与种子的处理方法和贮藏条件有关，如包装时必须清洁、真空密闭、防潮防湿，贮藏条件要干燥、密闭、低温(5～10℃)、避光等。小量种子可在冰箱中贮藏，大量种子宜在冷库中贮藏。

种子的使用年限和种子寿命紧密相关，寿命越长使用年限越长。表5列出了一些常见花坛花卉种子的寿命。

表5　常见花坛花卉的种子寿命

花卉种类	学　名	寿命（年）
蓍草	*Achillea millefolium*	2～3
千年菊	*Acrolinium* spp.	2～3
藿香蓟	*Ageratum conyzoides*	2～3
麦仙翁	*Agrostemma githago*	3～4

（续）

花卉种类	学　名	寿命（年）
蜀葵	*Althaea rosea*	3～4
香雪球	*Alyssum maritimum*	3
雁来红	*Amaranthus tricolor*	4～5
三色苋	*Amaranthus rubriviridis*	4～5
金鱼草	*Antirrhinum majus*	3～4
耧斗菜	*Aquilegia vulgaris*	2
荷兰菊	*Aster novi-belgii*	4～5
落新妇	*Astilbe chinensis*	2
四季秋海棠	*Begonia semperflorens*	2～3
射干	*Belamcanda adans*	2～5
雏菊	*Bellis perenis*	2～3
五色菊	*Brachycome iberidifolia*	3～4
羽衣甘蓝	*Brassica oleracea* var. *acephala*	2
金盏菊	*Calendula officinalis*	3～4
风铃草	*Campanula longistyle*	3～4
美人蕉	*Canna indica*	3～4
观赏辣椒	*Capsicum frutescens*	2～3
长春花	*Catharanthus roseus*	2～3
鸡冠花	*Celosia cristata*	3～4
矢车菊	*Centaurea cyanus*	3～4
桂竹香	*Cherianthus cheiri*	4～5
花环菊	*Chrysanthemum carinatum*	3～4
黄晶菊	*Chrysanthemum multicaule*	2～3

（续）

花卉种类	学　名	寿命（年）
白晶菊	*Chrysanthemum paludosum*	2～3
醉蝶花	*Cleome spinosa*	2～3
彩叶草	*Coleus blumei*	5
蛇目菊	*Coreopsis tinctoria*	3
金鸡菊	*Coreopsis tinctoria*	3～4
波斯菊	*Cosmos bipinnatus*	3～4
硫华菊	*Cosmos sulphureus*	3～4
飞燕草	*Dephnium grandiflorum*	数月至1年
石竹	*Dianthus chinensis*	3～4
毛地黄	*Digitalis purpurea*	2～3
异果菊	*Dimorphotheca sinuate*	2
松果菊	*Echinaceae purpurea*	3～4
花菱草	*Eschscholzia californica*	2～3
银边翠	*Euphorbia marginata*	3～4
天人菊	*Gaillardia pulchella*	2
勋章菊	*Gazania rigens*	2～3
千日红	*Gomphrena globosa*	3～5
向日葵	*Helianthus annuus*	3～4
麦秆菊	*Helichrysum bracteatum*	2～3
赛菊芋	*Heliopsis helianthoides*	1～2
鸢尾	*Iris tectorum*	4～5
五色梅	*Lantana camara*	4～5
花葵	*Lavatera arborea*	3

（续）

花卉种类	学 名	寿命（年）
蛇鞭菊	*Liatris spicata*	3～5
亚麻	*Linum grandiflorum*	5
六倍利	*Lobelia chinensis*	4～5
羽扇豆	*Lupinus micranthus*	4～5
剪秋罗	*Lychnis senno*	3～4
千屈菜	*Lythrum salicaria*	2
紫罗兰	*Matthiola incana*	4～5
猴面花	*Mimulus luteus*	4
龙面花	*Nemesia strumosa*	2～3
花烟草	*Nicotiana alata*	4～5
冰岛罂粟	*Papaver nudicaule*	3～4
虞美人	*Papaver rhoeas*	3～5
福禄考	*Phlox drummondii*	1
桔梗	*Platycodon grandiflorus*	2～3
半支莲	*Portulaca grandiflora*	3～4
金光菊	*Rudbeckia lacinaita*	2～3
鼠尾草	*Salvia farinacea*	2～3
一串红	*Salvia splendens*	1～4
瓜叶菊	*Senecio cruentus*	3～4
万寿菊	*Tagetes erecta*	4～5
孔雀草	*Tagetes patula*	4～5
夏堇	*Torenia fournieri*	2～5

（续）

花卉种类	学　名	寿命（年）
美女樱	*Verbena hybrida*	2～3
婆婆纳	*Veronica spicata*	2
三色堇	*Viola tricolor*	2
百日草	*Zinnia elegans*	3～4

第二节　基　　质

基质是用于支撑植物生长的材料。可以是一种材料，也可以是几种材料的混合物。

传统的花卉生产，通常以土壤作为栽培基质。因为各地土壤理化特性很不一致，通透性、持水性等常常不能满足植物生长的需求。随着育苗技术的现代化，无土基质成为当今穴盘育苗基质的主流。穴盘育苗由于每穴孔内所含基质量很少，所以基质质量的好坏直接影响种子发芽、根系发育及植株生长。

一、基质的基本要求和作用

1. 基质的基本要求

（1）洁净。即无菌、无虫卵、无杂物及杂草种子。

（2）合适的电导率。一般育苗要求 EC 低于 0.75 毫西/厘米。

（3）有足够的阳离子交换能力，能够持续提供植物生长所需的各种元素。

（4）pH5.5～6.5，呈弱酸性。

（5）有良好的保水性和透气性。最为理想的基质，应含 50%固形物、25%水、25%的自由空隙，以保证根系所处的空间具有良好的水气比。

(6) 理化性质稳定，不易分解。

(7) 利于根系穿透，能支撑植物生长。

2. 基质的作用

(1) 支撑作用。

(2) 提供植物根系生长发育赖以需要的水、气及养分。

(3) 缓冲作用。消除外来物质（如营养元素的加入）或根系本身生理活动产生的有害物质对根系的伤害。

二、基质的分类

1. 根据基质的组成成分分

无机基质：基质中的成分为无机物。如蛭石、珍珠岩、沙、岩棉、石砾。

有机基质：由植物有机残体组成的基质。如泥炭、椰糠、碎树皮、秸秆、炭化稻壳等。

2. 根据基质的活性分

惰性基质：在种苗生长中不能提供任何养分，无阳离子代换能力，只起支撑作用的基质。如珍珠岩。

活性基质：本身可以为植物提供一定的养分或具有阳离子代换能力。如泥炭、蛭石等。

3. 根据基质的组成种类分

单一基质：指以一种基质作为种苗生长基质。

混合基质：用两种或两种以上基质按一定比例混合作为种苗生产的基质。

生产上为保证基质具有合适的水气比，常用的为混合基质，如将泥炭、蛭石和珍珠岩等几种成分按一定的比例混合。

三、基质的性质

1. 基质的物理特性

(1) 持水力和透气性　在穴盘苗生产中，基质的持水力和透气性是影响植物正常生长的关键因素，也是基质本身具有的一对相互限制的物理特性。

基质的持水力（water holding capacity，WHC）是指某种状态的基质抵抗重力所能吸持的最大水量，以占土壤体积的百分数表示，用于比较土壤的保水能力。在土壤学中，土壤的透气性和持水性用大小孔隙比来表示，大孔隙是指基质中空气所能够占据的空间，即通气孔隙（或称自由孔隙），一般孔隙直径在0.1毫米以上，灌溉后溶液不会吸持在这些孔隙中而随重力作用流出；小孔隙是指基质中水分所能占据的空间，即持水孔隙，一般孔隙直径在0.001～0.1毫米范围内，水分在这些孔隙中会由于毛细管作用而被吸持。通气孔隙和持水孔隙之比即为大小孔隙比，二者的体积比反应的是基质中水、气的状况，栽培上理想的孔隙比是1∶1。

（2）颗粒直径　基质颗粒的大小直接影响基质大小孔隙比。试验证明，在湿润状态下，基质的粒径大小、充气孔隙度（大孔隙）、有效含水量（小孔隙）如表6所示。

表6　基质粒径与水、气含量的关系

粒径大小（毫米）	3～2	2～0.6	0.6～0.25	0.25～0.1	<0.1
充气孔隙度	67%	40%	28%	12%	4%
有效含水量	13%	28%	44%	56%	61%

由表6看出，粒径越粗，通气性越好而保水性越差；反之，粒径越细，保水性越好而通气性越差。穴盘育苗中，基质调制时应努力使充气孔隙度在10%～50%，有效含水量至少为20%。

（3）容重　优良的基质还应具备适当的容重。容重俗称密度，即单位体积基质的质量。进口泥炭容重0.17克/厘米^3，国产泥炭约为0.41克/厘米^3。基质的容重反应基质的疏松、紧密程度。容重太大，基质过于紧实，不利于排水，影响根系透气；也不利于机械化的搬运；反之，容重太小，基质通透性好，但质量过轻不易固

定植物，起不到应有的支撑作用。

2. 基质的化学特性

（1）稳定性　即基质本身发生化学变化的难易程度。理想的栽培基质应具有良好的稳定性，不易发生化学反应。

（2）pH　基质的pH即基质酸碱性。根据基质的pH，可将其分为酸性基质（pH<7）、碱性基质（pH>7）和中性基质（pH＝7）。在穴盘苗生长过程中，基质的pH影响根系对养分的吸收（表7所示）。主要有两种情况：第一，基质的pH影响养分的形态。酸性基质中，磷酸根易被淋溶而流失或与镁或铝结合，而形成不易被植物吸收的状态，使植物产生缺磷、缺镁症，而铁、锰、铜、锌等微量元素又可能吸收过量导致中毒；碱性基质中，铁、锰、硼、铜、锌易受固定而导致缺乏症。第二，基质pH影响植物对阴阳离子的吸收类型。酸性基质中阴离子易被吸收，碱性基质中阳离子易被吸收，而pH介于5.5～6.5之间各种离子吸收均衡。

表7　泥炭基质营养有效性随pH变化

pH范围	<5.5	5.5～6.5	>6.5
过量	锰，铁，硼，铜，锌，钠，铵	有效吸收区	钙，铵
缺乏	钙，镁，磷，钾，硫，钼		铁，锰，硼，锌，铜，磷，镁

影响基质pH的因素可以归结为以下几个方面：①基质自身的因素，包括基质自身存在的H^+及基质本身的阳离子代换量，其中基质本身的pH主要是受基质的组分及添加的石灰石等物质的影响（表8）。②灌溉水的碱度。灌溉水碱度是影响基质pH变化的主要因素，其对基质pH的影响可由表8看出。③使用肥料的酸碱性。多数肥料在施用基质以后都会对其pH产生影响（表9）。④植物种类。每种植物因原产地不同，对基质的酸碱性需要不同（表10）。大多数露地花卉要求中性基质，原产热带或亚热带地区的花卉，一般要求酸性或弱酸性基质。仅有少数花卉可以适应强酸

(pH4.5～5.5）或碱性（pH7.5～8.0）基质。但是许多植物种子的萌发和幼苗的生长都会改变基质的pH，这一点是大多数种植者所不知道的，需要提醒注意。例如，在初始pH为5.9的基质中播种，生长一定时期后测定基质的pH，发现西红柿、石竹、鸡冠花、四季秋海棠都有使基质酸性增加（pH下降）的能力，其中西红柿的影响最大，基质pH从最初的5.9下降到4.7；而非洲万寿菊、长春花、百日草相反，种植一定时间后使基质pH升高，其中百日草的影响最大，使基质pH从最初的5.9上升到7.4。而长春花在微酸性（pH）条件下才能良好生长，因而可以想象，如果不对基质pH进行人为监测与调控，基质pH的变化会对整个生产产生多大的影响。

表8　基质中添加石灰石和灌溉水的碱度对长春花穴盘苗基质pH的影响

石灰石添加量（千克/米³）	灌溉水的碱度*（毫摩尔/升）	基质pH变化		
		第1天	第28天	第49天
3.8	0	5.1	4.9	6.0
3.8	4	5.2	6.0	7.1
3.8	5.4	5.2	6.5	7.4
6.23	0	5.3	5.1	6.3
6.23	4	5.3	6.2	7.1
6.23	5.4	5.3	6.8	7.4
10.02	0	5.4	5.3	6.6
10.02	4	5.4	6.2	7.1
10.02	5.4	5.5	6.8	7.6

注：译自 Douglas A. Bailey，Paul V. Nelson，William C. Fonteno 等《Plug pH pandect》。* 从第Ⅱ期第1天开始用不同碱度的水进行灌溉，定期测定基质的pH（50毫克/千克碳酸钙为1毫摩尔/升，61毫克/千克的碳酸氢钙为1毫摩尔/升）。

表 9　几种商业生产的肥料酸碱度和总氮含量

肥料种类*	潜在酸碱性（千克/吨）**	NH_4^+（%）***
20-10-20	119A	38
20-20-20	237A	69
15-15-15	135.5A	52
15-16-17	107.5A	47
14-0-14	110B	8
15-0-15	159.5B	13
13-0-44	230B	0

注：*不同生产商生产的肥料，因加入的成分不同，因而会具有不同的酸碱度和铵态氮的含量，一般在产品上都有标识。**A=每使用1吨肥中和其酸度时需要加入的碳酸钙的千克数，该类肥为生理酸性肥；B=每使用1吨肥等同于施入了碳酸钙的千克数，该类肥为生理碱性肥。***总氮的含量是以铵态氮和尿素的形式表示，其余的氮为硝态氮。

表 10　几种花坛花卉种类与其适宜的 pH

种类	适宜 pH	种类	适宜 pH
鸡冠花	6.0～6.8	三色堇	5.4～5.8
香石竹	6.0～6.8	矮牵牛	5.4～5.8
多数植物	5.4～6.8	一串红	5.4～5.8
天竺葵	6.0～6.8	金鱼草	5.4～5.8
非洲万寿菊	6.0～6.8	长春花	5.4～5.8

注：译自 Douglas A. Bailey，Paul V. Nelson，William C. Fonteno 等《Plug pH pandect》。

为了方便生产者对生产的植物种类所要求的 pH 有所了解，将常见的花坛花卉适宜的 pH 总结如表 11 。

表 11　常见的园林植物和推荐的 pH

花卉种类	推荐 pH	花卉种类	推荐 pH
马鞭草	6.0～7.0	黄水仙	6.0～7.5
一品红	6.0～7.0	大丽花	6.5～7.0
报春	5.0～6.0	萱草	6.0～8.0
庭芥	6.5～7.0	东方百合	6.0～7.5
满天星	6.5～7.0	紫茉莉	6.0～7.5
凤仙花	6.5～7.0	毛地黄	6.5～7.0
秋海棠	5.5～7.5	天竺葵	6.0～8.0
花叶芋	6.0～7.0	唐菖蒲	6.5～7.0
屈曲花	6.5～7.0	蜀葵	6.0～8.0
美人蕉	6.0～7.0	鸢尾	6.5～7.0
香石竹	6.5～7.0	飞燕草	6.5～7.0
菊花	6.0～8.0	羽扇豆	6.5～7.0
紫苏	6.0～7.5	万寿菊	6.0～7.5
矢车菊	6.0～7.5	金莲花	6.5～7.0
波斯菊	6.5～7.0	水仙花	6.0～7.5
香豌豆	6.5～7.0	三色堇	5.0～6.0
美国石竹	6.5～7.0	长春花	6.5～7.0
晚香玉	6.0～7.0	矮牵牛	6.5～7.0
郁金香	6.0～7.0	福禄考	5.0～6.0
美女樱	6.0～8.0	罂粟花	6.5～7.0
百日草	5.5～7.5	一串红	6.0～7.0
八仙花（显蓝色）	4.5～5.0	滨菊	6.0～8.0
八仙花（显粉色）	6.0～7.0	金鱼草	6.0～7.5

注：引自《中国花卉报》总第 2308 期。

（3）缓冲能力　基质的缓冲能力是指基质在加入酸碱物质后，其本身所具有的缓和酸碱性（pH）变化的能力。缓冲能力的大小，主要由阳离子代换量以及存在于基质中的弱酸及其盐类的多少来决定。基质的阳离子代换量（CEC）以100克基质代换吸收阳离子的毫摩尔数来表示。优质的栽培基质应该具有合适的阳离子代换量。若阳离子代换量太高，将影响营养液的平衡，使人们难以按需要控制营养液的组分，而过低的阳离子代换量会影响基质的缓冲性，使其pH易受施肥的影响，同时也不利于保存养分。理想的基质CEC为0.05～0.1毫摩尔/毫升。基质中较多的碳酸钙、镁盐对酸的缓冲能力很大。一般来说，有机基质（植物性基质或含腐殖质较多的基质）缓冲能力较强，而无机基质（如珍珠岩、沙）缓冲能力很弱。生产中将各类基质以一定的比例混合，一定程度上也可调整基质本身的缓冲能力。

（4）电导率　溶液的电导率（elect conductivity，EC），指单位溶液内所有可溶性盐离子的总量（可溶性盐含量），EC的单位用毫西/厘米表示。基质的电导率（EC）是指在不加入任何营养液的情况下单位体积的基质溶液中可溶性盐的多少，是基质本身固有的特性，它直接影响营养液的平衡，进而影响植物的生长发育。基质中可溶性盐类（soluble salts）越多，则基质溶液浓度越大，渗透压越高，植物越难以吸收水分和养分，甚至出现植物体细胞内水分外渗，当浓度超过植物的忍受限度时，植株根系损伤严重，无法吸收水分和营养，导致植株出现萎蔫、黄化、植株矮小或组织坏死等症状，这种现象称盐害。当然，基质的EC也不是越低越好，因为EC过低，基质的缓冲力太小，易引起pH等的波动。理想的育苗基质EC为0.2～0.75毫西/厘米。

同种植物的不同生长阶段对EC的敏感性不同。幼苗对高盐的敏感性比成龄植株大得多，尤其当幼根刚出现时最为敏感，其抗盐性因品种而异（表12）。当基质干燥时，根周围的盐类浓度急剧增加，大约是湿润状态的3～4倍，因而育苗的第Ⅰ、Ⅱ阶段应使基质的EC低于0.75毫西/厘米（1∶2稀释法）并保持适度湿润。

表 12　不同植物对 EC 的相对敏感性*

敏感程度	敏感	一般敏感	不敏感
植物种类	秋海棠、天竺葵、凤仙花、万寿菊、三色堇、百日草	花椰菜、鸡冠花、洋葱、松叶牡丹、金鱼草	香雪球、金盏菊、矮牵牛

注：* 指当基质中 NH_4^+ 的含量高于 15 毫克/千克时的敏感性。

育苗过程中增加 5%～10%的浇水量，沥去多余的盐分，并避免局部基质过干，能有效改善基质 EC 过高的状况。大规模生产中，在使用一种新的基质之前，一定要熟悉基质的理化特性，以避免给种苗生产带来损失。

（5）营养成分　基质中的营养成分包括大量元素氮（N）、磷（P）、钾（K）、钙（Ca）、镁（Mg）、硫酸根（SO_4^{2-}），微量元素铁（Fe）、硼（B）、锰（Mn）、铜（Cu）、锌（Zn）、钼（Mo）以及非必需元素如钠（Na）和氯（Cl）。各种营养元素对植物的作用将在本章第五节详述。

表 13 列出了播种前混合基质的 pH、EC 及各种营养成分的水平，当使用的基质营养水平高于表 13 中的范围，需淋洗掉一部分。EC 为 0 时应添加相当于 50 毫克/千克氮的低 NH_4^+ 肥。

表 13　植物可接受的初始基质水平

基质指标	适合范围	基质指标	适合范围
pH	5.5～6.2	S（毫克/千克）	50～200
EC（毫西/厘米）	0.4～1.0	Cl（毫克/千克）	<40
NO_3^-（毫克/千克）	40～60	Na（毫克/千克）	<30
NH_4^+（毫克/千克）	<10	B（毫克/千克）	0.2～0.5
P（毫克/千克）	5～8	Fe（毫克/千克）	0.06～6
K（毫克/千克）	50～100	Mn（毫克/千克）	0.03～3
Ca（毫克/千克）	60～120	Zn（毫克/千克）	0.001～0.6
Mg（毫克/千克）	30～60	Cu（毫克/千克）	0.001～0.6
		Mo（毫克/千克）	0.02～0.15

四、基质常用的几种组分

1. 泥炭　是古代湖沼地带的水生或沼生植物长期处于淹水或缺少空气的环境下，分解不完全而形成的特殊有机物。根据形成泥炭的植物来源、分解程度、化学物质含量及酸化程度，可以分为草炭（sedge peat）和泥炭藓（peat moss）两大类。二者的区别如表14所示。

表14　草炭和泥炭藓的比较

差异指标	草　炭	泥炭藓
植物来源	莎草（sedge）或芦苇（reeds）	水苔藓（sphagnum）
吸水能力	组成植物均为高等维管束植物，一旦植物死亡，吸水能力便丧失	组成植物为没有维管束的低等植物，即使植株死亡后仍可靠每根水苔之间中空的部分传导水分，具很高的吸水能力
通气性	一旦植物死亡通气性明显降低	有大量的自由孔隙传导空气
pH	5.5～6.3	3.8～4.5
病菌繁殖	容易	不利
营养成分	含较高的磷、钾	1.0%氮，不含磷、钾

泥炭的优劣，同泥炭的类型、分解度直接相关。目前国内使用的泥炭主要有进口泥炭和国产泥炭。进口泥炭一般属于藓类泥炭，而国产泥炭主要是草炭。

目前，水藓泥炭是最为理想的种苗培育基质。其主要特点是：①大小孔隙比（空气/水分）较高，基质的透气性好，有利于植物根系周围氧气、二氧化碳等气体的充分交换；②持水能力强，确保植物肥水供应的持续性和稳定性；③配制过程中的高温作用确保其不含病菌及其他杂质，利于植物健康生长；④pH很低，一般仅为3～4，EC接近为零，是最佳的纯净自然泥炭，有利于生产过程中营养液的精确配制；⑤pH与EC均已经过调节，可直接应用于生产；⑥添加了吸水剂和营养启动剂，育苗时出苗率高，苗株长势整齐，叶色好。

水藓类泥炭的生产过程大概分为：采收→霜冻→筛选→混合→检测→包装→运输几个环节。在丹麦、法国、荷兰等国家的园艺生产中，主要采用该类泥炭作为基质进行种苗生产。

目前我国花卉穴盘苗生产使用的进口泥炭有来自加拿大的发发得（Fafard）泥炭，美国的阳光（Sungro）、伯爵（Berger），德国的克拉斯姆（Klasman）等。但进口泥炭的价格较昂贵，一般个体花卉生产者难以承受，只在生产高档花卉或育苗要求严格的种类时使用。同时由于进口泥炭一般pH较低，在水质含有苔藓的地区，如果育苗周期相对较长（如四季秋海棠200目约10周），易造成基质表面板结，形成“苔藓壳”，妨碍根系对水、氧、肥的吸收。

国产泥炭多来自于东北地区。随着穴盘育苗技术的推广，泥炭需求量不断加大，草炭作为不可再生资源，近年过度的采挖使得开采量和产品质量均在下降。因此，各地正积极研发本地化的育苗基质。

2. 蛭石 蛭石是一种层状结构的含镁的水铝硅酸盐次生变质矿物，原矿外观似云母，通常由黑（金）云母经热液蚀变作用或风化而成，因其受热失水膨胀时呈挠曲状，形态酷似水蛭，故称蛭石。化学结构式为 $(Mg, Fe, Al)_3[(Si, Al)_4O_{10}(OH)_2] \cdot 4H_2O$。蛭石按阶段性划分为蛭石原矿和膨胀蛭石，按颜色可分为金黄色蛭石、银白色蛭石、乳白色蛭石。

蛭石原矿经高温焙烧后，其体积能迅速膨胀数倍至数十倍。膨胀后的蛭石平均容重为100～130千克/米^3，pH（7～9）中性或碱性，不带任何病菌，吸水能力是自身的500～650倍，具有良好的保水性和透气性，另外具有较强的阳离子交换能力。适宜种苗生产用的蛭石颗粒直径最好在3～5毫米。近年来随着园艺栽培的设施化和专业化、机械化，蛭石在园艺栽培中应用越来越广泛。目前，在北美、中东地区及日本和韩国等都得到了大范围的使用。据预测，未来10年，中国园艺用蛭石使用量将超过日本和韩国。

3. 珍珠岩 珍珠岩是一种火山喷发的酸性熔岩，经急剧冷却而成的玻璃质岩石，因其具有珍珠裂隙结构而得名。经焙烧后，具有容重轻（100～190千克/米³）、排水性好、化学性能稳定、不分解、无毒无味、不带任何病菌的特点，在园艺栽培中做栽培基质应用。但其含有的钠、铝和可溶性氟可能会对植物造成伤害，且无缓冲能力，使用时应注意。

五、基质的配制

1. 基质的配比对穴盘育苗的影响 不同配比的基质不仅可以改善基质的透气性，同时可适当调整其pH、EC，进而为植物的生长发育提供适宜的根际环境。如在四季秋海棠生产中将草炭和蛭石以不同的比例混合，发芽率、成苗率、苗的长势、根系的发育及其在穴盘中的分布状况明显不同（表15）。生产中应根据不同的花卉种类，确定基质的种类和适宜的配比，使其适应种苗生产的要求。

表15 不同基质对四季秋海棠穴盘苗生长的影响

	发芽率（%）	成苗率（%）	叶片展开状况（%）	叶片长度（厘米）	真叶数量（片）	一级侧根数（条）	根系长度（厘米）	根系在基质中的分布（%）
草炭∶蛭石=1∶1	80a	72a	39b	1.06b	3.13a	4.75a	4.78a	上50 中25 下25
草炭∶蛭石=2∶1	83a	80a	65a	1.79a	3.75a	5.25a	4.58a	上0 中25 下75
草炭∶蛭石=3∶1	79a	76a	37b	1.30b	3.5a	3.5b	3.55ab	上0 中100 下0

（续）

	发芽率（%）	成苗率（%）	叶片展开状况（%）	叶片长度（厘米）	真叶数量（片）	一级侧根数（条）	根系长度（厘米）	根系在基质中的分布（%）
草炭∶蛭石=4∶1	73a	68a	27b	1.16b	3.13a	3.25b	3.5ab	上75 中25 下0
草炭∶蛭石∶沙=4∶1∶1	72a	66a	26b	1.2b	3a	2.5b	1.95b	上100 中0 下0

注：表中的a、b表示在α=0.05水平上差异的显著性。

2. 基质的配制原则

（1）基质中应包含两种或两种以上成分，能够很好地平衡保水能力和通气能力。

（2）基质的pH在5.8～6.2之间并保持播种后2周内不会改变。

（3）初始EC应小于0.75毫西/厘米（1∶2稀释法）。

（4）每批基质的颗粒大小、pH、EC和润湿剂等成分保持一致。

3. 基质的配制方法 基质的配制可以人工进行，也可以使用基质搅拌机操作。需要注意的是，配制时应首先倒入泥炭，并将其预先湿润，使其含水量在50%～70%，然后分层放入其他成分。搅拌时间太长，容易使颗粒大小发生改变，影响透气性。一般的搅拌机通常混合3～5分钟即可。加入的各成分应确保无菌、无虫卵、杂草种子等杂质。

六、基质的消毒

种苗生产中，基质使用前一定要确保已经消毒。一般来说，新基质在制备过程中已经过高温消毒过程，使用时无需消毒；用过的基质，再次使用前必须消毒。常用的消毒办法有两种，即物理消毒

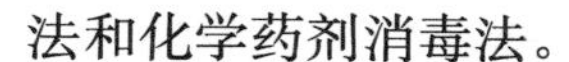

法和化学药剂消毒法。

1. 物理消毒法

（1）蒸汽灭菌法　利用高压蒸汽锅炉产生的高温蒸汽杀灭基质中有害种类的基质处理方法，基质冷却后即可进行种植工作。蒸汽灭菌法需高压锅炉设备（图10）。表16是蒸汽消毒的温度及其有效杀灭的范围，一般90～100℃以上处理30分钟即可有效杀灭病菌、虫卵及杂草种子。采用蒸汽进行基质消毒，无药剂残留、安全可靠；缺点主要是蒸汽不易到达基质深层，对20厘米以下土层消毒不彻底，且高温容易杀死基质中的有益菌类如硝化细菌，从而使铵离子转化成硝酸根的过程受阻，致使铵离子积累；另外，高压蒸汽锅炉设备比较复杂，操作也比较繁琐，从而限制了蒸汽消毒在生产中的应用。目前，国外比较成熟的设备如荷兰VISSER移动式高温蒸汽基质消毒机。该设备每小时可产生60～800千克高温蒸汽。

图10　基质蒸汽消毒设备

表16　蒸汽消毒温度及其有效杀灭的范围

温度℃	杀灭范围
40～50	线虫类、水霉菌
50～60	蠕虫类、鼻涕虫、葡萄灰霉病、唐菖蒲枯叶病
60～70	土壤害虫、大多数细菌、真菌和病毒
70～90	大多数杂草种子
100以上	少数杂草种子、植物病毒

（2）热水消毒　将普通常压热水锅炉产生的80～95℃热水通过开孔灌注到基质中进行消毒。为增强保温效果，在基质表面铺盖保温覆盖膜，可使30厘米深处的基质达到50℃以上，从而杀灭基质中病虫害。热水消毒法在日韩已有成熟的应用，消毒设备主要由常压热水锅炉和洒水设备构成，热水锅炉提供80～95℃的消毒用热水，洒水装置将来自锅炉的热水均匀地灌注到待消毒土壤中。由于水的热容量大于蒸汽，因此热水消毒使基质保持高温的时间较长，基质底层消毒效果较好。但是，热水消毒成本较高，如从韩国引进热水消毒设备，每台价格在15万～20万元，能耗和运行成本也较高。另外，耗水量较大，注水量为100～200升/米^2，在水资源不足的地区使用受到限制。

（3）太阳能消毒　利用夏季的高温强光等自然条件，将待消毒的基质中注水，在基质表面覆盖透明塑料薄膜，通过温室效应吸收太阳能辐射热，产生较高的温度进行基质的简单消毒。7月气温达35℃以上时，膜内温度可以达到50～60℃。此方法消毒安全环保、操作简单，节约能源，土壤中有用微生物死亡少；但是消毒不均匀，消毒时间长，受天气制约，且深层基质的消毒不彻底。

2. 化学药剂消毒法　即利用机械设备或人工将消毒药剂均匀注入栽培基质以杀灭病原菌。根据防治目的，将常用于种苗基质常见病虫害消毒的药剂及使用方法简单列于表17。

表17　基质常见病虫害的常用消毒药剂

防治目的	防治对象	农药种类	使用方法	用量
防病害	真菌类病害如猝倒病、立枯病、灰霉病	多菌灵、杀灭尔（甲基托布津、甲基硫菌灵）、五氯硝基苯、敌克松等	多菌灵、杀灭尔需对成溶液，五氯硝基苯、敌克松做成药土后直接与基质混匀	具体用量根据病害种类、病情轻重，参照药剂说明确定
	细菌性病害	农用链霉素、土霉素、新植霉素	对成溶液	根据药剂说明

（续）

防治目的	防治对象	农药种类	使用方法	用量
防虫害	地下虫害（线虫、地老虎、金龟子幼虫、鼠妇等）	氯化苦*、辛硫磷颗粒剂	与50～100倍的细土混成药土后直接与基质混匀	根据虫害种类及药剂说明

注：*氯化苦消毒时一般将基质堆放成30厘米厚，然后在基质上每隔30～40厘米距离打一个深10～15厘米的小孔，每孔注入50毫升氯化苦，覆膜保持1～2天后，晒4～5天即使用。其他药剂对成液体施用时可参照氯化苦的方法。

药剂消毒的关键问题是环保问题，另外需要技术先进的施药设备作保障。这类设备在日本、美国、以色列、西班牙等国家应用较广。国内施药设备研发基本属于空白，消毒施药主要由人工完成，存在安全隐患。研制具有自主知识产权的基质消毒技术与装备，对我国设施农业健康可持续发展有重要意义和光明的前景。

七、基质的检测

尽管在育苗前，我们对每一种使用的基质的物理、化学性质都有了一定的把握，但在育苗过程中，由于要把几种基质混合之后作为育苗基质，为安全起见，有必要掌握一些简便的测量方法，以便在育苗前和育苗过程中进行一些必要的测试。

1. 持水力和气体孔隙度检测 基质总孔隙度、基质持水力、气体孔隙度三者间的关系可以简单地用公式表示为：基质总孔隙度＝气体孔隙度＋基质持水力。土壤孔隙度也称土壤孔度，反映土壤孔隙状况和松紧程度，可根据土壤容重和比重计算而得，公式为：土壤孔隙度（%）＝（1－容重÷比重）×100。在混配的基质中，由于基质含有两种或两种以上的组成成分，容重、比重不易测定，可以利用下面简单的方法对基质持水力和气体孔隙度进行测定。

容器：量杯或量筒、胶带、10厘米花盆（或其他大小的盆）、生长基质、烧杯、笔、水。

步骤：①测定花盆的容积。先用胶带把花盆的排水孔封好，然后加水到花盆通常加满基质的高度，用铅笔做好标记，然后小心把水倒进量筒，记录容积数A。②测定基质的全孔隙度。把花盆内侧擦干，然后倒进干基质至刚才标记的刻度，轻拍花盆，让基质均匀充满，然后用一个量杯慢慢加水到基质里，直到水均匀地充满基质，该过程需几分钟直到基质完全饱和，记下所用的水量B，这就是基质的总孔隙度（空气和水）。③测定基质的气体孔隙度。把装有饱和水基质的花盆放到烧杯或小桶之上，小心地把盆底的胶带移去，让水自动流出直到不再有水渗出为止，记下流出的水量C，这就是气体孔隙度。④测定基质的持水量。把总的水量减去流出的水量即为基质的持水量。

总孔隙度（%）＝B÷A×100

气体孔隙度（%）＝C÷A×100

持水量（%）＝总孔隙度－气体孔隙度

2. pH、EC检测 调查分析显示，穴盘育苗中80%的营养问题是由基质的pH和EC的波动引起的，因而建议最好每周进行一次基质的pH和EC的检测与调整。

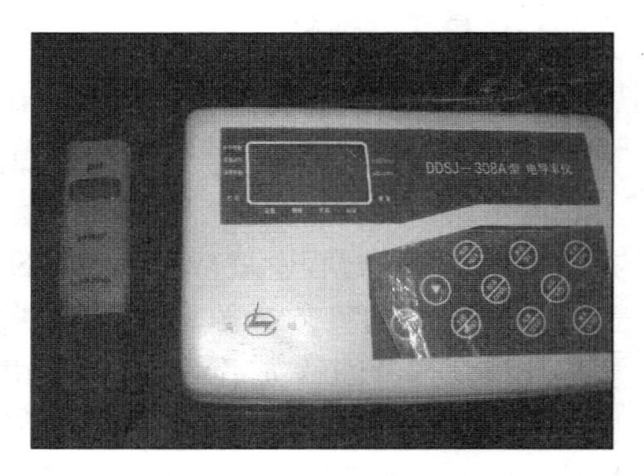

图11 pH测定仪（左）与EC测定仪（右）

仪器：pH测定仪，也叫酸度计，有便携式（图11，左）和台式两种；EC检测仪（图11，右）；另外还需量筒或量杯、浅盘、玻璃棒。

方法：

（1）基质水分稀释法（various dilutions） 按水分比例的不同又可分为1∶1稀释法、1∶2稀释法和1∶5稀释法。常用的是1∶2稀释法。

步骤：①用量筒称取1份体积的基质（基质的体积最小不能低于25毫升），在空气中风干，记录下量筒的读数V。②在上述量筒中加入2份体积的蒸馏水，充分搅拌混匀，静止30分钟。③过滤，取上清液进行测定。

（2）浸透法（saturated media extract method，简称SME法）　也称饱和液渗出法。该方法是收集50毫升的待测样品，与蒸馏水混合直到基质恰好饱和（表面有水光），平衡1.5小时之后，用真空过滤器提取浸出液测定。其余与1∶2法测定相同。

（3）多孔收集法（the multi-cavity collection method，简称MCC法）　由国外的学者（Huang et al，2001）提出的适合穴盘育苗原位基质pH和EC测定的方法，且对植株不造成任何伤害，因而被认为是最佳的基质检测方法。

步骤：①确定样品数：即测量的具体数量，一般每生产批次，穴盘苗最少选3个穴盘。取样需随机进行。②浇水：测定前1小时给植株浇透水（或液体肥），注意控制浇水的量，确保基质全部浸透达到饱和但又不致太多。③浇注取样：待测穴盘排水30～60分钟后，在样盘下放置浅盘，准备收集沥出液。取适量体积的蒸馏水（约50毫升）浇透基质表面，得到50毫升沥出液。④测定：及时测定沥出液的pH（或EC），因为pH在2小时内会发生变化。⑤计算：取3个样品测定结果的平均值，即为测定基质的pH。

测定时需要注意的问题：①确保每次测定收集到的沥出液为50毫升，沥出液体积大于60毫升会稀释样品，EC值读数会降低。②每次测定之前用新鲜的标准液校正pH和EC计。③EC单位为毫西/厘米表示，把这个值乘以700就可以转化成毫克/千克。

（4）挤压法（pressing the top of the plug to expel solution，简称PEM法）　操作时从穴盘中取出基质，用粗纱布把基质包上，然后将溶液挤出，分析前先将从各穴孔挤出的溶液混合均匀。由于该种方法对植株具有伤害性，且过度的挤压会使基质中的某些成分进入溶液，影响溶液EC的读数，pH测定值与1∶2法和SME法接近，而EC更接近SME法，因而不常使用。

花坛花卉种苗生产中，基质配制时建议使用1∶2稀释法，种苗生长过程中的跟踪监测，建议使用多孔收集法。

3. 不同pH、EC检测方法测定值的换算 不同的检测方法，测得的pH一般会有0.5个单位的不同，但EC值相差很大。在四种方法测定值之间存在着显著的相关性。在测定基质的EC值时，可以由表18进行不同测定方式测定值之间的转换。表19是水分稀释法与SME法EC测试结果及其对穴盘苗生长发育的影响。在穴盘育苗中应尽量使基质可溶性盐的含量（EC）在各个阶段低于表中所列的盐类水平，尤其在发芽期和幼苗生长早期。

表18 四种EC测定方法EC的转换

测定方法	乘以倍数（测定值×）	加上（+）	换算成	测定方法	乘以倍数（测定值×）	加上（+）	换算成
MCC	0.89	0.07	PEM	SME	1.36	0.10	MCC
MCC	0.49	0.14	SME	SME	1.45	0.02	PEM
MCC	0.39	0.03	1∶2	SME	0.85	0.10	1∶2
PEM	0.96	0.07	MCC	1∶2	1.25	0.39	MCC
PEM	0.56	0.09	SME	1∶2	1.45	0.28	PEM
PEM	0.49	0.04	1∶2	1∶2	0.97	0.19	SME

表19 水分稀释法与SME法测得的EC及对作物生长的影响

饱和渗出液法SME	1∶2稀释法	1∶5稀释法	对作物的影响
0～0.74	0～0.25	0～0.12	盐类水平非常低，表示营养缺乏
0.75～1.99	0.25～0.75*	0.12～0.35	适合幼苗和对盐类敏感植物生长需要

（续）

饱和渗出液法 SME	1∶2 稀释法	1∶5 稀释法	对作物的影响
2.00～3.49	0.75～1.25	0.35～0.65	适合大多数植物的生长需求，但上限值可能限制对盐类敏感植物的生长
3.50～5.00	1.25～1.75	0.65～0.95	略偏高，上限值限制盐类敏感植物生长，但对喜肥植物无妨
5.00～6.00	1.75～2.25	0.90～1.10	使植物出现萎蔫，叶片边缘灼伤
>6.00	>2.25	>1.10	出现严重盐害症状，作物可能不能生存

例如：用 MCC 法测得某批次穴盘苗基质的 EC 为 0.9 毫西/厘米，根据上述表格，则用 PEM 法测得的 EC 应为 0.9×0.89＋0.07＝0.85 毫西/厘米。

4. 基质 pH 与 EC 的调整　生产者对基质的 pH、EC 进行检测后，应根据生产的花卉种类对基质 pH、EC 的不同要求，及时做出调整。

（1）pH 调整　当基质的 pH 高于 6.5 时，应用下列方法降低其 pH：①施用酸性较高的铵肥。但要注意避免长期多次施用，防止植物生长过快造成徒长。②用稀释的酸水溶液（有机酸或其他酸类）浇灌基质。③用 1.2～2.4 克/升的硫酸亚铁溶液浇灌。浇灌后及时用水冲洗叶片，防止叶片灼伤。

当基质的 pH 低于 5.5 时，可以用下述方法升高 pH：①施用含钙的高硝态氮肥料。它能加快根的生长速度和使植物株型更紧凑。②用 1.2 克/升熟石灰（氢氧化钙）溶液浇灌。注意应使用溶解液的上清液，浇灌后立即用清水冲洗叶片。

（2）EC 较高时的调整　①用淋洗的方式使 EC 降低，直到下部有水流出。一般需在刚好浇透的基础上再增加 10％的浇水量。②减少施肥的次数和肥的用量。③交替施肥，如铵态氮含量高改用硝态氮，或提高基质温度。

第三节　穴　　盘

一、穴盘的规格和种类

穴盘育苗是利用穴盘容器来培育种苗，穴盘的应用为每株种苗的根系提供了独立的生长空间，使得种苗移植后快速恢复生长，成活率高，缩短生产周期。

育苗穴盘按照制造材料的不同，可分为聚苯泡沫穴盘和塑料穴盘（图 12）。聚苯泡沫穴盘即通常所说的 EPS 盘，有时也称欧式盘。这种穴盘可反复使用，在重复应用过程中必须经过严格的消毒。塑料穴盘又分为聚苯乙烯、聚乙烯和聚丙烯盘，也称美式盘。

图 12　塑料穴盘

按颜色不同分深色盘和浅色盘，聚苯泡沫盘几乎全是白色；塑料盘有不同的颜色，生产上常用的是黑色盘。

按每盘的穴孔数量分，聚苯泡沫盘分为 200、242、338 等；塑料穴盘包括 18、32、50、72、128、200、288、648、800 等。从理论上说，孔数少，穴孔体积大，基质容量大，其水分、养分蓄积量大，对幼苗水分的调节能力也大，较易培育壮苗，但穴盘单位面积内的穴孔数目少，影响单位面积的产量，养护周期长，价格或成本会增加。相反，穴盘孔数多时，育苗效率提高，但每孔空间小，基质也少，对肥水的保持及缓冲能力差，同时植株见光面积小，对幼苗的肥水管理更精细。

按穴孔的形状，分方形、圆形、六边形、八边形、星形等。常用的为方形。同样孔数的穴盘，方形穴格比圆形穴格的容积大出约 30%，使水分分布更均衡，更有利于根部的生长。

按穴孔的深浅，分长筒穴孔（5 厘米及以上）、短筒穴孔。研究证明，5 厘米深度穴孔中空气含量是 2.5 厘米穴孔中的 3～4 倍，因而较深的穴孔更利于根系的生长。长筒穴格更适宜直根性作物的生长发育。有的在穴孔之间有通风孔，利于穴盘中间部位的植株的通风，减轻炎热季节的发病率，适于夏季育苗应用。

花坛花卉穴盘育苗中，最常用的为 200 目、方形穴孔穴盘。尺寸一般为 53.2 厘米×27.8 厘米。穴盘的厚度一般 0.5～1 毫米。较薄的适合一次性使用。

二、穴盘的选择

穴孔的多少、形状以及深度都影响植株的生长发育。幼苗在不同孔目的苗盘内生长发育，其根际吸收面积、茎叶光合及生长发育空间不同。生产中应根据花卉种类及应用目的选择适宜的穴盘。

宿根花卉的育苗以穴孔较大、较深的穴盘为宜。如芙蓉葵、银莲花、飞燕草等。

育苗周期较长的花坛花卉，在穴孔较大的穴盘中育苗较好。如四季秋海棠、非洲菊、花毛茛等。

大粒的种子，考虑到播种的方便性，也应在较大穴孔穴盘中育苗。如万寿菊、孔雀草、蓝眼菊、非洲金盏等。

除此以外，生产场地、时间、各阶段可用人员的限制等，也是选择合适规格的穴盘需考虑的因素。一般地说，大孔穴盘育苗周期长，单位面积种苗生产数量少，但移植后可以在较短的时间内培育出品质优良的成品花。

具备机械化生产条件的还应考虑与播种机、移植机等的配套情况。

三、穴盘的存放与消毒

穴盘应置于避光、防雨的环境中保存。高温、强光、雨水可加速穴盘老化。用过的穴盘再次使用前必须消毒。常用的方法是用

1∶50～100倍的福尔马林水溶液或多菌灵、杀灭尔等800～1 000倍液洗刷，或用季铵盐类浸泡，之后用清水冲洗2～3次。避免使用含氯或漂白粉的溶液浸泡，防止氯和穴盘中的聚苯乙烯作用产生有毒物质，危害幼苗生长。

第四节　水　　分

种子的发芽离不开水。种子内的酶只有在有水的情况下才能发挥活性，使贮存的养分水解供种子发芽用。幼苗的生长发育同样离不开水分的供给。水分的供应除了保证植物体正常的水分代谢之外，种苗生产中的多数营养元素需要溶解在水里才能被植物吸收。

一、育苗的水质及其测定

1. pH　即水中氢离子（H^+）浓度的负对数，表示水的酸碱性。花坛花卉种苗生产中大部分种类要求水的pH为5.5～6.5；在此范围内，大多数营养元素和化学物质（如农药、植物生长调节剂）才能有较好的溶解度和较高的功效。pH低时，镁（Mg）、铝（Al）等易形成沉淀；pH高时，铁（Fe）、锰（Mn）等易形成沉淀。

水的pH常用酸度计来测量，测试仪器及测定方法见本章第二节基质pH测定。

2. 碱度　水的碱度是指水能够中和酸类物质的能力，即缓冲能力。碱度的大小由水中的碳酸氢根离子（HCO_3^-）、碳酸根离子（CO_3^{2-}）和氢氧根离子（OH^-）总量决定。碱度的单位为毫克/千克。长期以来很多生产者都以为灌溉水的pH是影响基质酸碱性变化的主要因素，其实影响基质pH变化的主要因素是灌溉水的碱度。碱度影响水的pH，进而影响Fe^{2+}、Mn^{2+}等的有效吸收。一般地说，地下水碱度较高，雨水碱度偏低。适合花卉穴盘苗生产的水的碱度前期为60～80毫克/千克，后期为 120～200 毫克/千克。

碱度的测定是在一定量的水中加入标准浓度的硫酸溶液，直至 pH 达到 4.5 时所使用的硫酸量，用每千克水中含的碳酸根的毫克数来表示，即毫克/千克。具体测定方法如下：

仪器及药品：滴定管、烧杯或方形瓶、酚酞指示剂、溴甲酚绿-甲基红指示剂、硫酸（H_2SO_4）标准滴定液（图 13）。

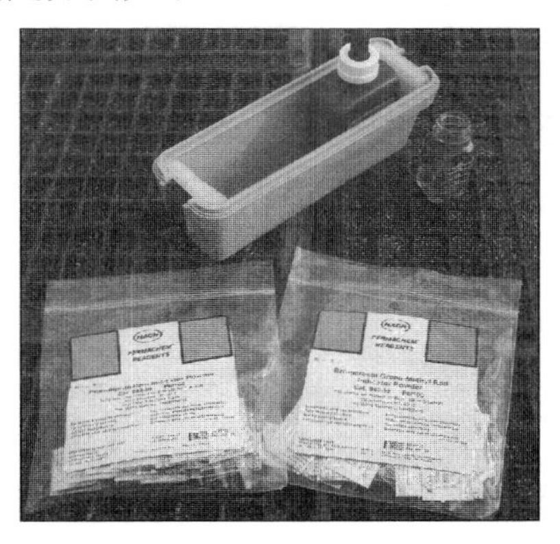

图 13　碱度测定药品

实验步骤：①取适量水样注入方形瓶。②加酚酞指示剂，摇晃混匀。如果液体呈无色，按④到⑥的步骤；如果液体呈粉色，按③到⑥的步骤。③加入 H_2SO_4 标准滴定液，一次一滴，充分混匀，直至液体重新变为无色。记数所用的滴数。④加入溴甲酚绿-甲基红指示剂，混匀。⑤加 H_2SO_4 标准滴定液，一次一滴，每次加后充分摇晃，直至液体变为粉色，记录所用滴数。⑥将③、⑤所用的 H_2SO_4 标准滴定液滴数之和乘以 20，计算得到的数值即为待测水样以甲基橙做指示剂的碱度。

（注：以上测试方法适合当水的碱度在 20～400 毫克/千克时使用。）

3. EC　水的电导率，即单位体积水内所有可溶性盐离子的总量（可溶性盐含量）。花卉生产中常用的单位为毫西/厘米。种苗生产中要求水的 EC 低于 0.75 毫西/厘米。水的 EC 过高，可能会形成反渗透压，将根系中的水分置换出来，使根尖变褐或者干枯。如果水中引起 EC 高的盐分为钠盐、硫酸盐、铁盐等时，会降低种子的发芽率，损伤植株的根毛和叶子。EC 过高也会增大由绵腐病菌引起的根腐病的发生概率。水 EC 及可溶性盐离子总溶解值与水质的关系见表 20。

表 20　水质 EC 判读指南

水质的恶劣程度	无	中等	严重
EC（毫西/厘米）	0.75	0.75～3.0	3.0
可溶性盐离子总溶解值（毫克/千克）	480	480～1 920	1 920

水 EC 的测量可用便携式电导率仪来测量（方法见基质 EC 的测定）。测量温度通常为 25℃。

4. 钠的吸收率（SAR）　是用来估计长期施用某种水分对基质的通透性的影响的指标。一般用下述公式来表示：

$$SAR = \frac{[Na]}{\sqrt{\frac{[Ca]+[Mg]}{2}}}$$

其中［Na］、［Ca］、［Mg］分别表示钠离子、钙离子、镁离子的毫克当量数。当这些元素的浓度为毫克/千克时，需将钠的浓度数值除以 23，钙的值除以 20，镁的值除以 12.15。SAR 小于 2.0，说明基质各离子浓度正常，基质不会发生板结；如果钠离子浓度高于 40 毫克/千克，而 SAR 仍低于 4.0，需在基质中加入石灰、硫酸镁来增加钙、镁离子的含量。同时避免使用含钠盐的硝酸肥料。当基质中钠离子的浓度高时，每次浇水时增加 5%～10%的浇水量，以沥去多余的钠离子。

5. 其他营养成分　如水中富含硼、磷、氯等离子，都会对种苗生产造成不利影响。如氯离子过高（高于 80 毫克/千克），会造成根系烧尖、根部腐烂、下层叶坏死。铁离子过高，叶片失绿，藻类容易繁殖，使基质表面形成青苔。国外对穴盘育苗的多年研究表明，适宜种苗生产的水质，其各项指标需达到表 21 所述的标准。

表 21　种苗生产理想水质的各项指标

性能特征	参考水平①	参考水平②
可溶性盐分（EC，单位：毫西/厘米）	低于 0.5	<1.0
pH	5.0～7.0	5.5～6.5
碱度（用碳酸钙含量表示，单位：毫克/千克）	40～100③	60～80

（续）

性能特征	参考水平①	参考水平②
硝酸根（NO_3^-，单位：毫克/千克）	<5	<5
铵（NH_4^+，单位：毫克/千克）	<5	
磷（P，单位：毫克/千克）	<5	<5
钾（K，单位：毫克/千克）	<10	<10
钙（Ca，单位：毫克/千克）	<120	40～120
硫酸根（SO_4^{2-}，单位：毫克/千克）	<240	24～240
镁（Mg，单位：毫克/千克）	<24	6～25
锰（Mn，单位：毫克/千克）	<2	<2
铁（Fe，单位：毫克/千克）	<5	<5
硼（B，单位：毫克/千克）	<0.8	<0.5
铜（Cu，单位：毫克/千克）	<0.2	<0.2
锌（Zn，单位：毫克/千克）	<5	<5
铝（Al，单位：毫克/千克）	<5	
钼（Mo，单位：毫克/千克）	<0.02	<0.02
钠（Na，单位：毫克/千克）	<50	<40
钠的吸附比例	(SAR)④<4	<2
氯（Cl，单位：毫克/千克）	<140	<80
氟（F，单位：毫克/千克）	<1	<1

注：①引自 Argo et al，1997；Peterson and Kramer，1989。②引自 Curtice & Templeton《水质质量检测指标参考手册》。③钠的吸附比例（SAR）关系到钠与钙及镁的含量水平。

二、水质的调整

1. 施肥调整　当水的 pH 或碱度需要在小范围内调整（如碱度为 100～200 毫克/千克）时，一些水溶性肥料可帮助调节水的 pH 和碱度。通常含有铵态氮或尿素的肥料，可使基质 pH 和碱度降低，称生理酸性肥。种苗生产中常用的如硫酸铵、20－10－20 等。而含有硝酸根离子的水溶性肥料，会使基质的 pH 和碱度升高，称生理碱性肥料。种苗生产中常用的如14-0-14、硝酸镁等。

2. 注酸（或碱）调整 当pH高于7.5或低于5.5，碱度在350～400毫克/千克时，就应使用酸性或碱性试剂对其进行调整。常用的酸和碱的种类及使用特点如表22所示。

表22 种苗水质pH调整中常用的酸碱试剂

试剂种类	试剂名称	优点	缺点
酸	H_2SO_4	常用	浓腐蚀性，超过0.109毫升/升束缚钙的吸收
	HNO_3	提供氮，不会在叶面上留下残留物	腐蚀性最强，用量大，不经济。提高钠和钙的吸收，造成植株生长过慢，且组织变硬。水中钙、镁含量低时会导致植株缺铁
	H_3PO_4	提供磷，腐蚀性最小	超过0.109毫升/升会束缚铁的吸收
	柠檬酸	安全	中和力弱，用量大，昂贵
碱	石灰水	可提高基质的缓冲能力	—
	Na_2CO_3/$NaHCO_3$	可提高基质的缓冲能力	Na^+积累会影响基质的透气性
	NaOH溶液	—	Na^+积累会影响基质的透气性

3. 更换水源 当水的pH、碱度、EC、钠、金属离子等多项指标不合格时，就要考虑更换水源。

4. 逆向渗透 又称反渗透，在可用水源的pH、碱度、EC、钠、金属离子等多项指标不合格而更换水源又不可行时，可采用逆向渗透过滤法提高水质。其原理是在通常情况下，水从盐浓度较低的一侧移动到浓度较高的一侧，直到两边达到平衡；反渗透则是利用一个半透膜，在加压的条件下，使水从浓度较高的一侧流向浓度较低的一侧，从而使水分与盐分分离。逆向渗透系统主要由水的前处理系统、反渗透系统和储水罐三部分组成（图14）。

前处理系统主要完成杀菌、降低水的 pH、去除钙、镁、过滤铁和其他悬浮物等，以保护逆向渗透系统的膜不受伤害。这种膜比较昂贵，但可以除去高含量的钠、氯及其他离子，并能大幅降低碱度。相比之下，用逆向渗透法处理水质费用昂贵，除非不得已，一般不采用。

图 14　水处理设备

三、穴盘育苗的浇水方式

1. 手工浇水　人工手持皮管浇水，是目前国内种苗生产最常见的浇水方式。可以在种苗生产的不同阶段，通过选用不同规格的喷头（图 15）来调整水雾的大小和浇水量。优点是比较灵活，可以视基质干湿情况的不同区别浇水；缺点是浇水量不均匀，浇水的多少依赖于操作者的经验，且浪费人工，在劳力资源昂贵的国家基本不采用。

2. 机械浇水　根据浇水机械的移动性又分为固定式灌溉系统和臂式（悬挂自走式）喷灌系统。臂式（悬挂自走式）喷灌系统（图 16）通过悬架于苗床上方的一根水管，在其上安装数个不同型号的喷头，通过接受不同的指令，自动进行浇水。优点是节约人工，浇水量均匀，节约用水；缺点是当在一个生产温室进行不同种

图 15　穴盘苗人工浇水

图 16　悬挂自走式浇水机

类或同一种类不同阶段的穴盘育苗时，需要经常对选用的喷头和浇水量进行调整。

3. 穴盘底部浸水　适用于培育较大规格的穴盘苗。优点是浇水量均匀，省劳力，利于根系的下扎并防止顶端淋水造成的叶片病害蔓延；缺点是掌握不好易造成根部吸水过量。

四、花坛花卉穴盘育苗的水分判读

花坛花卉穴盘育苗过程中，判断基质是否缺水，可以有以下几种方法：

（1）根据基质表面颜色。当基质表面颜色由深变浅，即使这种变化很细微，但细心观察还是能发现，这时说明基质已开始变干。尤其对Ⅰ、Ⅱ阶段要求湿度较高、且不覆盖的秋海棠等种类，需要及时补水。

（2）用手触摸基质表面可以感觉基质的湿度，对于穴孔较深的穴盘，可以把手插进穴孔内感觉基质的湿度。

（3）托起穴盘根据其重量估计是否缺水，一般需要有经验的管理者才能做到这一点。

（4）观察穴孔底部的基质看其是否变干，这对育苗后期（Ⅲ、Ⅳ阶段）的水分控制很适合。

（5）根据植物的形态表现。基质水分缺乏后植物会产生一些缺水症状。如叶子颜色变浅甚至发白，下位叶萎蔫（如凤仙花、观赏番茄）、叶片角度发生变化（如观赏辣椒、生菜），或者出现卷叶（如天竺葵）。要根据生产经验，及时发现，及时解决。尤其对于像鸡冠花、万寿菊、皇帝菊、长春花等对水分亏缺比较敏感的花卉，不能等到植物永久萎蔫后才浇水。

浇水过多植物也会发生形态上的变化，如新枝高、软、细，叶片大而薄，根系不发达，有徒长迹象，甚至烂根、发生灰霉病。这时需要控制浇水，加强环境的通风透光。

第五节 肥　　料

一、植物所需的营养成分及其生理作用

种苗生长发育中所需营养成分主要为氮、磷、钾、钙、镁、硫等大量元素和铁、锰、硼、锌、铜、钼等微量元素。其来源、在植物体内的移动情况、作用及失衡时的表现如表23所示。

表 23　种苗所需营养元素来源、移动状况及生理作用

元素种类	主要来源	植物体内再利用情况	主要作用	缺乏时的表现	过剩时的表现
氮（N）	尿素、铵态氮肥（如硫酸铵、20-10-20）、氨基酸、硝态氮肥（如硝酸铵、硝酸钙、14-0-14）	积聚在幼嫩的部位和种子里，可移动，在植物体内可以再度利用	结构物质，最重要的生命元素	整株有表现，株矮、长势慢，茎秆细弱；新老叶发黄，叶片薄，呈“饥饿”状态，后期出现坏死斑	叶色浓绿，叶大，部分品种叶缘上卷，叶厚、革质，老叶失绿，节间长，叶柄长，徒长，易倒伏，易引发病虫害，开花迟，根尖坏死。彩叶草、波斯菊、天竺葵、矮牵牛、一串红、百日草等易发生铵中毒
磷（P）	过磷酸钙、磷酸铵、磷酸二氢钾、钙镁磷肥、12-45-10	可以移动，在植株体内可再度利用	结构和能源物质，对根系和叶的发育有促进作用；增强抗旱抗寒能力；促进开花	生长变慢；老叶（下部叶片）最敏感，呈暗紫色，叶色暗绿；早期叶缘出现坏死斑；根系不发达，须根少；开花晚、花小	分生枝小而多，纤维含量高，整齐度差，易引起锌、铁、锰等元素的缺乏
钾（K）	硫酸钾、磷酸二氢钾、硝酸钾、12-45-10	分布在生长最旺盛的部位，在植物体内移动性大，可以再度利用	参与和调节代谢；促进茎秆强壮；增强抗旱抗寒能力	生长变慢；老叶（下部叶片）最敏感，叶缘黄化失绿，早期出现枯斑，叶尖向上卷曲	抑制氮、钙、镁的吸收，引起缺镁症

（续）

元素种类	主要来源	植物体内再利用情况	主要作用	缺乏时的表现	过剩时的表现
钙（Ca）	磷酸钙、硝酸钙、钙镁磷肥	易被固定，不能再度转移和利用	细胞壁的组成成分。促进花粉萌发和生长，激活与细胞有丝分裂、伸长等的酶的活性	顶部叶扭曲或呈带状，新叶叶尖和边缘发黄干枯，叶尖呈钩状；顶芽从棕褐色变为黑色，严重时顶芽死亡；基部维管束系统受到破坏；根系发育受阻，短根呈梳、子状，无根毛；一品红、矮牵牛、三色堇、秋海棠、万寿菊易发生缺钙症状	使镁及微量元素如铁、锰、硼、锌等的有效性降低
镁（Mg）	钙镁磷肥、硫酸镁	可以移动，在植株体内可以再度利用	叶绿素的组成成分，许多酶的活化剂，影响磷的吸收和运输	老叶叶脉间黄化，叶缘向上或向下卷曲，叶面皱缩，早期出现落叶	抑制钙的吸收，根系发育受阻，木质部不发达。叶绿素细胞少
硫（S）	硫酸铵、硫酸镁（使用量是氮的1/10）	在植物体内移动性不大，很少再度利用	胱氨酸和硫胺酸的构成成分，与某些植物的气味有关	症状从新叶上开始，叶子通常开始为浅绿色或未成熟叶子变黄；叶缘下卷，有红色或紫色斑；生长变慢；凤仙花、天竺葵、一品红容易患缺硫症	叶色暗红或暗黄，叶面上有水渍，严重时产生白色坏死斑点
铁（Fe）	硫酸亚铁（$FeSO_4 \cdot 7H_2O$）、尿素铁（$[Fe(N_2H_4CO)_6](NO_3)_3$）、种苗专用肥、螯合铁	移动性小，不能再利用	促进叶绿素形成	新叶叶脉间黄化，严重时叶缘及叶尖焦枯	叶片失色，影响镁、钙等的吸收，引发赤枯病

（续）

元素种类	主要来源	植物体内再利用情况	主要作用	缺乏时的表现	过剩时的表现
锰（Mn）	硫酸锰（$MnSO_4 \cdot 4H_2O$）、种苗专用肥	移动性小，不能再度利用	叶绿体的结构成分，与光合、呼吸等生命活动有关	生长受阻，新叶叶脉间失绿黄化，严重时出现病斑（据此可与缺铁区别）；花小、花色不良	造成铁的缺乏
硼（B）	硼酸（H_3BO_3），硼砂（$Na_2B_4O_7 \cdot H_2O$）、种苗专用肥	移动性小，不能再度利用	调节水分的吸收、促进碳水化合物的运转和生殖器官的发育	顶尖生长缓慢或发育不全，幼叶变厚，粗糙，叶片向下卷曲出现皱褶；节间变短，侧枝增生；生长点坏死；三色堇、矮牵牛易患此病	老叶叶缘失绿，灼伤；嫩枝和根部停止生长；叶烧尖，脉间失绿，严重时出现坏死斑；敏感作物有秋海棠、非洲菊、凤仙花、万寿菊、三色堇和百日草
锌（Zn）	硫酸锌（$ZnSO_4$）、氯化锌（$ZnCl_2$）、种苗专用肥	移动性小，不能再度利用	酶的构成成分，促进植物体内生长素的合成	新叶卷曲，灰白色或黄白色，叶小呈簇状，叶、花逐渐脱落；敏感作物有长寿花、香石竹	抑制锰、铁的吸收
钼（Mo）	钼酸铵（$(NH_4)_2MO_4$）、种苗专用肥	移动性小，不能再度利用	促进光合作用，消除铝在植物体内累积而产生的毒害作用	首先表现在老叶上，幼叶叶脉间失绿，老叶变厚，叶脉间肿大	勿过量施入
铜（Cu）	硫酸铜（$CuSO_4$）	移动性小，不能再度利用	与几种酶的激活有关，与光合作用有关，参与二氧化碳和蛋白质代谢	生长减缓或受阻，新叶变形，顶端分生组织坏死	影响锰、铁、钼的吸收

二、穴盘苗营养状况的诊断方法

1. 植株营养成分分析　植株营养成分分析是用化学分析的方法，借助一定的仪器，如原子吸收分光光度计（图 17）、中子活化分析仪、各种元素的自动分析仪等，测定植物体所有营养元素的含量，测定的器官可以是叶片、茎、根等。每种元素的组织分析含量可参见表 24。表 25 是新几内亚凤仙苗叶片营养成分的含量标准。植株营养成分分析法一般在育苗过程中进行。优点是科学准确，可以在植株未出现症状前进行，利于指导施肥，防患于未然；缺点是需要由专门的机构或相关经验的工作人员借助一定的仪器来进行，另外也缺乏各种花卉组织中各种元素含量的参考标准。

图 17　原子吸收分光光度计

表 24　花坛植物组织分析参数值

营养元素	最小值	最大值	营养元素	最小值	最大值
氮（N）	3.50%	4.60%	钙(Ca)	1.00%	2.60%
磷（P）	0.40%	0.67%	镁(Mg)	0.40%	1.90%
钾（K）	2.00%	8.80%	硼(B)	50 毫克/千克	175 毫克/千克

（续）

营养元素	最小值	最大值	营养元素	最小值	最大值
铁(Fe)	90毫克/千克	250毫克/千克	钼(Mo)	0.20毫克/千克	5毫克/千克
锰(Mn)	75毫克/千克	300毫克/千克	铝(Al)	—	—
铜(Cu)	5毫克/千克	28毫克/千克	钠(Na)	—	—
锌(Zn)	25毫克/千克	100毫克/千克			

注：引自 Allentown，Penn《Scotts testing laboratory》。

表25　新几内亚凤仙穴盘育苗叶片营养成分建议标准

大量元素	含量（%）	微量元素	含量（毫克/千克）
氮（N）	2.5～4.5	铁（Fe）	150～250
磷（P）	0.3～0.8	锰（Mn）	100～250
钾（K）	1.9～2.7	锌（Zn）	40～85
钙（Ca）	1.0～2.0	铜（Cu）	5～10
镁（Mg）	0.3～0.8	硼（B）	50～60
硫（S）	0.13～0.75	钼（Mo）	1～10

注：引自明尼苏达大学。

2. 基质的营养诊断　同植株营养成分分析一样，不同的是测定基质中所有营养元素的含量，据此估计种苗在长期生产中可能出现的余缺状况（如适宜新几内亚凤仙育苗的基质应满足表26的要求）。优点是诊断结果准确，且可以在播种前进行，利于防止播种后出现的营养元素不均衡的现象。缺点是一般需要到专门的检测机构进行。

表26　新几内亚凤仙穴盘育苗基质的成分

pH	EC	硝态氮（NO_3^--N）	铵态氮（NH_4^+-N）	磷（P）	钾（K）	钙（Ca）	镁（Mg）	钠（Na）	铁（Fe）	锰（Mn）	锌（Zn）	硼（B）
5.8～6.2	1.5～2.25	75～125	0～10	5～10	75～125	100～200	30～70	0～20	0.3～3.0	0.02～3.0	0.3～3.0	0.05～0.5

注：引自明尼苏达大学。EC单位：毫西/厘米，营养元素单位：毫克/千克。

3. 形态诊断法　当植株缺乏某种元素时，就会导致生理活动不协调，在外部形态上出现不良性状（表 27）。如植物缺氮时叶色变浅甚至黄化，并且整个植株生长缓慢；缺磷时万寿菊、矮牵牛的低位叶变紫。同样，某种元素过量时也会引发一些变化。多数植物在发生铵中毒时出现老叶萎蔫，叶子变厚、革质；老叶易出现失绿症，并很快发展为坏疽病，并蔓延到幼叶；根尖坏死，呈红棕色。彩叶草、波斯菊、天竺葵、矮牵牛、一串红、百日草都是易发生铵中毒的花坛植物。可以根据这些症状作为形态诊断的依据。优点是不需仪器设备，简便易行，在生产中较为常用；缺点是要求诊断者有一定的经验，有些元素的缺乏或过剩时症状相似，诊断不准会贻误病情。

表 27　营养元素缺失典型症状检索表

缺失症状	缺失营养元素
a. 主要症状是黄叶	
b. 整片叶变黄	
c. 只有低位叶变黄，而后枯萎和脱落	氮
cc. 整株植物的叶片都受影响，有些已变棕色	硫
bb. 叶脉间变黄	
c. 成熟的叶片或老叶叶脉间变黄	镁
cc. 新叶叶脉间变黄，并且这是唯一症状	铁
ccc. 除新叶叶脉变黄外，叶片上出现灰色或棕色的斑点	锰
cccc. 在新叶叶脉间变黄的同时，叶片的顶端及叶片边缘保持绿色，而后叶脉变黄，快速扩展到全片叶最后干枯	铜
ccccc. 新叶非常小，节间短，簇生	锌
aa. 叶片变黄不是主要症状	
b. 症状出现在植物的基部	
c. 最初所有的叶片呈深绿色，而后生长缓慢，下位叶变紫色	磷
cc. 老叶边缘变黄而后枯萎，或小黄斑变枯遍布在老叶上	钾

（续）

缺失症状	缺失营养元素
bb. 症状出现在植物上部	
c. 顶端花苞坏死，叶片变厚，像皮革，变黄，幼叶起皱，幼茎、叶柄和花梗程铁锈色	硼
cc. 生长点停止生长，新叶颜色变浅绿色或不均匀黄色，根系生长短而粗，新叶边缘变形，有时出现条形叶	钙

三、幼苗对营养元素的吸收特性及影响因素

根系和叶片是植物吸收养分的重要器官。

1. 根的吸收特性及影响因素

（1）根的吸收特性　根系是植物与环境之间进行物质交换最主要的器官。健壮发达的根系是获得壮苗的基础。

根系的主要功能是从基质中吸收水分和无机盐，如钾离子（K^+）、钙离子（Ca^{2+}）、镁离子（Mg^{2+}）、磷酸根离子（$H_2PO_4^-$）等，此外还可吸收氧气（O_2）和二氧化碳（CO_2）。根尖以上的分生区是主要吸收部位，养分要通过截获、质流和扩散三种方式到达根系表面，然后通过主动和被动吸收进入到根系细胞的内部。

（2）影响根系吸收养分的因素　①温度。温度影响基质养分的有效性和根系的活力，进而影响植物吸收营养元素的种类和数量。在0～30℃范围内随温度升高，养分的吸收速率增加；在18～25℃内，大多数植物的生长发育最快，根系对养分的吸收也最多。温度过低（0℃）或过高（40℃以上），根系几乎停止生理活动，植物对养分的吸收也会停止。早春育苗时常会发现三色堇、矮牵牛、天竺葵、观赏番茄等老叶发紫就是低温下（<9℃）根系对磷的吸收受阻，造成植株体内缺磷所致。②基质的pH。基质的pH直接影响植物对离子态养分的吸收，这在本章第二节、第四节已经介绍。多数花卉种苗生长的适宜pH范围在5.4～6.8，最适宜各种养分的

吸收的 pH 范围在 5.5～6.5。高于 6.5 时，植物对硼酸根离子（BO_4^{3-}）、铜离子（Cu^{2+}）、锰离子（Mn^{2+}）、铁离子（Fe^{2+}）、锌离子（Zn^{2+}）等的吸收困难，易造成这些元素的缺乏；酸性太强（低于 5.4）时钾离子（K^{+}）、钙离子（Ca^{2+}）、镁离子（Mg^{2+}）易溶解，植物来不及吸收就被雨水淋溶掉，而植物对一些重金属离子如锰离子（Mn^{2+}）、铝离子（Al^{3+}）、铁离子（Fe^{2+}）等的吸收变得容易，造成植物重金属离子中毒。③基质的 EC。基质的 EC 太低时，植物生长受阻，外观上表现出营养元素缺乏的症状；过多的清水灌溉是造成基质 EC 过低的最常见的原因。当 EC 低于 0.75 毫西/厘米时，在下位叶上常会发生黄化（缺氮）、发紫（缺磷）、间歇失绿（缺镁）等缺素症状。EC 太高时，会引起植物根系的损伤，出现盐害。④水分。基质中的水分是营养成分扩散和被植物吸收的载体，基质水分长期过于饱和，氧气的含量过低，根系的活性受阻甚至烂根，水分、养分的吸收困难，造成大量、微量元素的缺乏；水分过少，养分浓度过高，会造成烧苗（盐害）。⑤病害。根系的病害会使其正常的生长功能受阻，从而引发营养元素吸收障碍。如腐烂病菌侵染根部，会影响根系对铁的吸收，上位叶片间隔失绿。

2. 叶的吸收特性及影响因素

（1）叶的吸收特性　叶片对于营养元素的吸收，在农业生产上称为根外追肥。营养元素主要以分子态、离子态的方式被叶片吸收。与根系吸收相比，叶片吸收具有如下优点：①提高肥料利用率。一些易受基质 pH 影响的种类，如锰离子（Mn^{2+}）、铁离子（Fe^{2+}）、钙离子（Ca^{2+}）、镁离子（Mg^{2+}）经由叶片直接吸收，避免了营养成分的损失。②见效迅速。尿素水溶液喷施叶面 24 小时内即可吸收 50%～75%，供应养分及时，尤其在周期短、时间要求严格的种苗生产中，根外追肥有着更为广泛的应用。③补充施肥。尤其在幼苗阶段，植物的根系还不是很发达，主要靠叶面施肥来补充养分。④使用得当的情况下与农药一起喷施，可节约劳力。

（2）影响叶片吸收养分的因素　①植物种类。不同种类的植物，其叶片结构不同。通常双子叶植物叶片较薄，叶面积大，吸收效果好。同种植物，新生叶吸收效果好于老叶。同一叶片，叶背面强于叶正面。②溶液的浓度。在一定浓度范围内一般随浓度的增大，吸收速率加快，但浓度过高，易产生肥害。③叶片湿润的时间。叶片只能吸收溶解于水中的无机盐类，所以外界环境如温度、光照、风速、降雨等影响叶面水分蒸发的因素，都会影响叶片对养分的吸收。

3. 离子间拮抗作用 当一种元素的供给过量时，其他元素的吸收就会受到抑制（表28），离子间的这种作用称离子拮抗。最常见的如氮与钾间的拮抗，氮与钾最理想的供应比例是1∶1。另外，如钾-钙-镁间的拮抗，其合适的供应比例为4∶2∶1。过量磷的供应会导致锌、铁和铜的吸收下降。无论是叶面施肥还是根际施肥，离子间的这种拮抗作用均会影响被抑制种类的有效吸收。

表28 营养元素间的拮抗

过量的营养元素	抑制吸收的元素	过量的营养元素	抑制吸收的元素
氮（N）	钾（K）	钠（Na）	钙（Ca）、钾（K）、镁（Mg）
铵离子（NH_4^+）	钙（Ca）、铜（Cu）	锰（Mn）	铁（Fe）、钼（Mo）
钾（K）	氮（N）、钙（Ca）、镁（Mg）	铁（Fe）	锰（Mn）
磷（P）	铜(Cu)、铁(Fe)、锌(Zn)、硼(B)	锌（Zn）	锰（Mn）、铁（Fe）
钙（Ca）	镁（Mg）、硼（B）	铜（Cu）	锰（Mn）、铁（Fe）、钼（Mo）
镁（Mg）	钙（Ca）		

四、穴盘育苗肥料的种类及特点

1. 肥料的种类

（1）按照肥料的性质分

有机肥料：如泥炭、绿肥、腐殖酸肥、氨基酸。

无机肥料：也叫矿质肥料，如各种化学肥料（化肥）。

生物肥料：如细菌肥料、根瘤菌肥等。

（2）按照化学成分的多少分

单一肥料：只含一种肥料要素，如硝酸铵（NH_4NO_3）。

复合肥料：含两种以上肥料要素，如硝酸钾（KNO_3）。

完全肥料：除含氮、磷、钾三要素外，还含微量元素或有机肥料。

（3）根据有效性快慢分

速效性肥料：施用后很快被植物吸收利用。大多数化肥一般是速效性的。

迟效性肥料：有效养分缓慢释放，施入土壤后，因其化合物或物理状态的不同，要经过短时间的转化才能被土壤溶液溶解。根据营养元素的释放速率、可控与否，迟效性肥料又分为缓释肥和控释肥。它可以持久地供给植物生长所必需的营养元素。

（4）根据施用后基质酸碱性的变化分

生理酸性肥料：主要是铵态氮或尿素，这种肥料施入基质以后，由于植物对铵态氮的吸收及基质中铵态氮和尿素的硝化作用，基质的pH就会下降，这种肥料被称为生理酸性肥料。

生理碱性肥料：主要是硝态氮肥料，施入基质以后，植物吸收硝酸根离子（NO_3^-）时会向基质中释放氢氧根离子（OH^-）和碳酸氢根离子（HCO_3^-）从而提高基质的pH，这种肥料被称为生理碱性肥料。

（5）根据氮的供给类型分

硝态氮：可以直接被植物吸收。

铵态氮：必须被硝化细菌转化为硝态氮才能被植物吸收。当基质温度低于15℃时，硝态氮的转化过程受阻，导致铵中毒。

尿素：尿素必须转化为铵态氮，再转化为硝态氮才能被利用。

氮的种类不同，对植物的影响效果也不一样（表29）。

表 29　氮的主要类型及其作用

氮的种类	常用类型	主要作用	N 含量
硝态氮	14-0-14 13-2-13 硝酸铵 硝酸钾等	株型紧凑，根的生长超过枝条的生长，节间短，叶片小而厚，叶片呈浅绿色，茎秆粗壮	所占比例超过75%
铵态氮*	20-10-20 硫酸铵等	促进地上部分生长，如节间增长、叶片大而浓绿、茎秆细弱	所占比例低于25%

注：*基质中的 NH_4^+ 浓度高于10毫克/千克时，会降低四季秋海棠、番茄、金鱼草、美女樱、三色堇种子萌发，会造成金鱼草、番茄、凤仙花、波斯菊、羽衣甘蓝、百日草下胚轴过长。

2. 穴盘苗生产中常用肥料的种类及特点　目前，种苗生产中常用的肥料主要是水溶性速效全元素复合肥，在苗木灯等育苗周期长的种类中也可能会使用控释肥。

（1）水溶性速效全元素肥料的优点　①效果迅速，见效快。肥料中的营养成分易被吸收且短时间内即会有明显的效果。②营养成分全面，不需再添加微量元素。水溶性速效全元素肥料中含有氮、磷、钾、钙、镁、硫等大量元素和铁、锰、硼、钼等微量元素，可全面满足植物生长需要。③操作方便。可采用自动灌溉设备或随人工浇水同时完成。④肥效控制容易，较易控制植株生长。相对于缓释肥，水溶性肥见效迅速，可以通过施肥与控肥的手段人为来调整植物的生长状态。

（2）水溶性肥料的养分配比　一般以 $N-P_2O_5-K_2O$（分别代表氮、五氧化二磷、氧化钾）的百分含量表示。如 14-0-14 肥料，表示氮（N）含量为 14%、五氧化二磷（P_2O_5）含量为 0%、氧化钾（K_2O）含量为 14%。

（3）控释性肥料　指在制备过程中其释放速率、方式和持续时间已知并可以对养分释放进行控制。其释放速度受温度、湿度及肥料表面包裹物的厚度、基质 pH 及室内空气流动状况等因素影响，一般制备成粒状、棒状等。目前在苗木容器育苗中应用的控释肥如奥绿肥（Osmocote），它是一种典型的包膜复合肥。

五、穴盘苗施肥的原理与技术

1. 种苗施肥的原理　正确掌握种苗需肥的基本规律，才能正确施肥。植物在生长发育中，必需的化学元素主要有16种，包括碳、氢、氧、氮、磷、钾、钙、镁、硫、铁、锰、硼、锌、铜、钼、氯等。除碳、氢和氧外，其余的几种元素必须通过基质或人为施肥补给。植物对养分的需求，遵从以下几个基本规律：

（1）养分归还律　土壤或基质里的养分是有限的，随着植物的不断种植、不断消耗，养分含量必然逐渐下降，必须及时补充才能获得较好的种植效果，这就是养分归还律。

（2）不可替代律　植物所需要的每一种元素，在植物生长发育中都有特定的作用，互相之间是不能互相替代的，无论哪一种缺乏，植物生长发育都会受到影响。

（3）最小养分律　某一阶段内基质中含量最少的养分，决定了作物的产量（或品质）水平，只有当这种养分得到补充，产量或质量才能上升。最小养分是不断变化的，需要根据植物的生长状况及时发现，及时调整。

（4）平衡施肥律　在植物生长过程中，必须按照植物的种类、不同阶段的需肥特点、基质养分状况、肥料特性、基质和水的pH、EC等，合理均衡地施肥，以达到生产的最佳效果。一般氮（N）、钾（K）、钙（Ca）、镁（Mg）的比例应为1∶1∶1∶1/2。在穴盘苗生产中，为保证多数种类的穴盘苗生长良好，氮(N)、钾(K)、钙（Ca)、镁（Mg)、磷（P）的比例应为1∶1∶1∶1/2∶(1/5～1/10)。铁（Fe)、锰（Mn）比例为2∶1，硼（B）的水平在0.25～0.5毫克/千克。钠（Na）的水平应低于40毫克/千克，否则应提高钙（Ca)、镁（Mg）和钾（K）的水平，或增大浇水量把多余的钠（Na）淋洗出去。

2. 种苗施肥程序

（1）肥料的选择和用量计算　表30列出了常用化学肥料的N-P-K含量及酸碱性，表31是某种元素缺失时补充施肥的建议用量。自配肥料时可以据此选择合适的肥料种类并计算每种肥料的最终用量。

表 30　常用化学肥料的 N-P-K 含量及酸碱性

名称	N-P-K 含量	基质中 pH 反应
硝酸铵	33-0-0	酸性
硝酸钾	13-0-44	中性
硝酸钙	15.5-0-0	碱性
硝酸钠	16-0-0	碱性
硝酸镁	11-0-0	中性
硫酸铵	21-0-0	酸性
尿素	45-0-0	轻酸性
磷酸一铵	12-62-0	酸性
磷酸二铵	21-53-0	轻酸性
硫酸钾	0-0-53	中性
氯化钾	0-0-60	中性
磷酸氢一钾	0-53-34	碱性
磷酸氢二钾	0-41-54	碱性
硫酸镁	—	中性

注：肥料含量分析是从商品肥中测定的，不同公司、不同的测定过程和方法，测定结果也可能有所不同。

表 31　修正几种元素缺失的对应肥料及建议用量

缺失元素	肥料来源	用量（克/升）
磷	N-P-K 全元素肥	—
钙	硝酸钙	—
镁	硫酸镁	1.2
硫	硫酸镁	1.2
铁	螯合铁	0.300
	或硫酸亚铁	1.2～2.4
锰	硫酸锰	0.150
锌	硫酸锌	0.150
铜	硫酸铜	0.150

（续）

缺失元素	肥料来源	用量（克/升）
硼*	硼砂	0.038
钼	钼酸钠或钼酸氨	0.002（有土基质） 0.200（无土基质）

注：*定期测定基质中 pH，pH 小于 6.5、天气炎热浇水频繁时，移栽后 1 周或 2 周左右在 100 升水中加入 3.8 克硼砂进行浇灌，必要时 2～3 周后再重复使用。

自配肥料时，有两个问题需注意，一是磷酸二铵、磷酸钙等在水中不能完全溶解，可以用 30～40℃的温水并不断搅拌尽量使其溶解后取上清液使用；二是磷酸类肥、硫酸类肥会与钙肥、镁肥产生沉淀，因而钙、镁肥应单独溶解后最后加入。三是肥料现用现配，混合液不能贮存，以免离子间发生化学反应影响肥效。目前种苗生产中为使用方便，一般使用进口种苗专用肥，因肥料中已含有植物生长所需的各种养分，使用时只需按照施用浓度，计算出所需的肥料总量即可。以 20－10－20 为例，在四季秋海棠 3～4 叶快速生育期，氮肥的浓度在 150 毫克/千克，则用 100 升容器施肥时肥料的称取和计算方式如下：

由 20－10－20 含氮 20%，需施用的氮肥浓度在 150 毫克/千克，可求得需要施用 20－10－20 的总浓度，即：$150\div20\%=750$ 毫克/千克。

设 100 升容器中需加入 20－10－20x 千克，则有 $x\div100\times10^6=750$，得出 $x=75$ 克。

即只需在 100 升的容器中加入 75 克 20－10－20 的种苗肥，充分搅拌后即可施用。

（2）施肥方式　种苗生产中，因穴孔内基质容量及缓冲能力有限，一般采取根外追肥（叶面喷肥）的方式进行施肥。育苗初期其幼嫩的根系尚未扎进基质中，为防止水流将幼苗冲倒，应使用细雾喷头。大型生产企业有自走式浇水机、自动肥料配比机，浇水、施肥可同时完成。

（3）施肥时间　为防止施肥后强光下叶面灼伤，应避免高温强光时施肥。叶片在湿润的情况下过夜不利于病害的防治，也应避免傍晚施肥。因而温室育苗一般选择晴朗的天上午10时以前进行施肥。高温强光的夏季，施肥后2～3小时内应拉好遮阳网。一旦发现肥害，立即用清水喷洗叶面。

六、穴盘苗生产中肥料施用应注意的问题

1. 基质、水分、肥料的相互关系 基质的pH、EC、灌溉水的碱度等直接影响根系对养分的吸收，反过来，不同的养分施用后又会对基质的pH、EC产生影响，因而施肥时应综合考虑基质、水分、肥料的密切关系。施用硫酸铵、氯化铵等生理酸性肥，由于植物对铵离子的选择吸收，将酸根离子残留在土壤中，长期施用会加剧土壤的酸性，应配合施用生理碱性肥或碱性水溶液；施用硝酸钙、硝酸钾等生理碱性肥，由于植物对硝酸根离子（NO_3^-）的选择吸收，会使基质呈碱性，长期会造成基质板结，应配合施用生理酸性肥或酸水。

为防止基质pH、EC的波动，每两次施肥间隙应浇一次清水，水质要求pH5.5～6.0，EC低于0.75毫西/厘米。大型企业可以利用水处理系统，对水的pH、EC、碱度等进行检测和调整。小型农户没有水处理设备，使用前至少应用盐酸、硫酸、磷酸等调整水的pH，并贮放10小时以上，以利于氯、钙等有害元素的挥发或沉淀，并促使水温和基质温度接近，减少对幼苗的伤害。

2. 施用浓度 植物种类不同，对肥的喜好程度不同；同一种类的不同生长阶段，对肥料的浓度要求也不一样；应根据不同植物对养分的需求程度、生长发育阶段的变化及环境条件的改变等，及时调整施肥浓度。

第六节　植物生长调节物质

一、穴盘苗生产中施用植物生长调节剂的意义

花卉生长发育的促控技术是花卉栽培的主要研究内容。在花

卉种苗规模化生产过程中，植株徒长、生长超前或滞后的现象时有发生，不但影响产品质量，增加劳动成本，而且由于生长滞后，往往延误最佳销售时机，不能获得最大利润。利用植物生长调节剂（PGR）对花卉进行生长调节，具有投资小、见效快、劳力省、效益高的特点，目前，已在美国、日本、以色列等花卉生产大国广泛应用。种苗生产专业化标志着我国花卉生产从传统的分散经营、田园式栽培，向专业化、集约化、规模化、现代化的巨大转变，在这一根本性的转变中，植物生长调节剂发挥着重要的作用。

二、植物生长调节剂的概念

植物激素（phytohormone）是指由植物自身合成的，数量很少但对植物的生长发育却起着重要的调节作用的一类有机化合物。现已公认的植物激素有生长素、赤霉素、细胞分裂素、脱落酸和乙烯五类；20 世纪 70 年代又发现具有多种作用和强大活性的芸薹素内酯。这些激素在植物体的各种组织和器官中，在不同时期有着不同的平衡状态，对植物的整个生长发育过程起着十分重要的调节作用。

植物生长调节剂是在植物激素被发现后，人们用化学或微生物发酵方法生产的和植物激素相同或有类似化学结构和作用的化合物，这些化合物统称为植物生长调节剂。

三、花卉穴盘苗生产中常用的植物生长调节剂及其使用方法

根据植物生长调节剂对种苗生长的作用效果，可以分为明显的两大类。一类是生长发育促进剂，如吲哚丁酸（IBA）、赤霉素（GA）、萘乙酸（NAA）等。另一类是生长发育延缓剂，如丁酰肼（B_9）、矮壮素（CCC）、多效唑（Bonzi）、烯效唑（Sumagic）等。其具体的理化性质、作用机理、使用方法如表 32 所示。

表 32　种苗生产中常用的植物生长调节剂及使用方法

种类	化学名称	分子式	溶解特性	吸收部位	作用机理	用途	施用方法
生长促进剂类	吲哚丁酸（IBA）	$C_{12}H_{13}NO_2$	溶于酒精、丙酮、乙醚等有机溶剂中，不溶于水	根、茎、叶、果实	促进细胞分裂、伸长和组织分化	促进生长，诱导产生不定根，低浓度时增大花径，延迟花期	喷施、浇灌
	赤霉素（GA_3）	$C_{19}H_{22}O_6$	溶于酒精、丙酮、甲醇、乙酸乙酯及pH为6的磷酸缓冲液，难溶于氯仿、醚、苯、水	叶、枝、茎、花、果实、种子	促进DNA和RNA的合成，增加生长素含量，促进细胞生长和伸长	打破种子休眠和幼苗低温莲座化，促进茎叶生长，低浓度时增大花径，延迟花期	喷施
	萘乙酸（NAA）	$C_{12}H_{10}O_2$	溶于酒精、丙酮、乙醚、氯仿等有机溶剂，溶于热水不溶于冷水	根、茎、叶	促进细胞分裂和组织分化，低浓度促进生长发育，高浓度抑制生长	促使种子萌发、促进插条生根	喷施、浇灌
生长延缓剂类	丁酰肼（B_9）	$C_6H_{12}N_2O_2$	溶于水	茎、叶	影响内源生长素和赤霉素的生物合成，抑制顶端分生组织的有丝分裂	缩短节间距离，抑制徒长，促进生根，花期提前	喷施

（续）

种类	化学名称	分子式	溶解特性	吸收部位	作用机理	用途	施用方法
生长延缓剂类	矮壮素（CCC）	$C_5H_{13}C_{12}N$	可溶于水，微溶于二氯乙烷和异丙醇，不溶于苯、二甲苯	根、嫩枝、叶、芽	抑制赤霉素的生物合成	控制植株徒长，使节间缩短，根系发达，增加叶绿素的含量，增强抗逆性，花期提前	喷施、浇灌
	多效唑（PP_{333}，Bonzi）	$C_{15}H_{20}ClN_3O$	溶于水，在甲醇、丙二醇中的溶解度不如水中高	根、茎、生长点	抑制赤霉素的生物合成	矮化植株，促进花芽形成，增加分蘖，叶片厚实，叶色浓绿，叶片光合速率增强，增加茎粗，促进根系发达，根系干重增加，延迟花期	浇灌、喷施
	烯效唑（Sumagic）	$C_{15}H_{18}CLN_3O$	微溶于水，溶于有机溶剂	根、茎、叶、种子	抑制赤霉素的生物合成	控制株高，缩短节间，促进分蘖，改变光合产物分配方向，提高抗逆性	喷施、浇灌
	环丙嘧啶醇（A-Rest）	$C_{15}H_{16}N_2O_2$	溶于水，易溶于丙酮、氯仿等有机溶剂	根、茎、叶	抑制赤霉素的生物合成	矮化植株，促进开花	喷施、浇灌

四、常见花坛花卉穴盘苗生长调控措施

实际生产中，最为常见的是株高的控制、色泽的改善及炼苗，涉及的花卉种类、生长调节物质使用情况如表 33 所示。

表 33　花坛花卉种苗生长调控实例

花卉种类	使用目的	PGR 及使用浓度（毫克/千克）	使用时期
藿香蓟	改善植株色泽或炼苗	B_9　5000	移栽 2 周后
		B_9 2500＋Bonzi20	定植 10～14 天后混合施用，直到出售前每周一次，除非植株叶片表现出不舒展状态
		Bonzi 3～30	依靠植株的长势和天气情况，移栽 2 周后每周 1 次；较高的浓度只在育苗接近结束时必要时施用
	维持出售前的最佳状态	先 B_9 1500，然后 Bonzi 10	植株长到出售规格的 3/4 大小时，可维持该状态 2～3 周
香雪球	改善植株色泽或炼苗	B_9 3000～5000	移栽 10 天后施用 1 次
		Bonzi 20	播种后 5～6 周施用 1～2 次
秋海棠	给植株着色或炼苗	B_9 5000	植株长到预定大小的 3/4 时施用
	维持出售前的状态	Bonzi3～5（微雾状）	植株长到预定规格时施用，可维持 2～3 周
	幼苗期的秋海棠对 Bonzi 十分敏感，轻微的淋溅就会使其发生生长停滞现象，建议在育苗早期最好不使用 Bonzi		
鸡冠花	改善植株色泽或炼苗；使植株停止生长	B_9 2500＋Bonzi 20	移栽 10～14 天后混合施用，直到出售前每周 1 次，除非种苗表现出不舒展状态

（续）

花卉种类	使用目的	PGR及使用浓度（毫克/千克）	使用时期
鸡冠花		先 B_9 3000，然后 Bonzi20	植株长到预定规格的3/4大小时施用，可维持该状态2～3周
		B_9 5000 或 Bonzi5～45	育苗周期接近结束时以维持目前的状态
银叶菊	增加着色；改善株型	B_9 2500～5000	移栽3周后，施用2次，间隔7～10天
		B_9 2500＋Bonzi3～20	移栽10～14天后混合施用直到出售前，除非植株表现出叶片不舒展状态
	维持目前的生长状态	先 B_9 3000，2次，然后 Bonzi20，1次	可维持该状态2～3周
天竺葵	使株型保持紧凑，防止徒长	CCC1000～1500	第一次施用在移栽后2周，以后视情况，必要时隔10天再施用1次
		Bonzi3	移栽后施用
	维持目前的生长状态	先 B_9 5000，2次，然后 Bonzi 5	当植株长到预定规格的3/4大小时可维持该状态2～3周
	高浓度的CCC（大于1 500）易造成花叶，导致激素中毒，使用时需慎重		
凤　仙	给植株着色或炼苗；维持目前的生长状态	B_9 2500＋Bonzi 20	移栽10～14天后混合使用，直到出售前，除非表现出不舒展状态
		Bonzi1～45	视植株长势和气候情况必要时施用；第一次施用在移栽后1周；用以停止生长时施用1次即可；苗龄越大、温度越高使用浓度也越高
		Sumagic3～5	视植株长势和气候情况必要时施用
	注：高浓度的Bonzi可延迟凤仙花期		

（续）

花卉种类	使用目的	PGR及使用浓度（毫克/千克）	使用时期
万寿菊	改善植物色泽、炼苗；维持目前状态	B_9 5000；或第一次 B_9 5000然后Bonzi 5	穴盘育苗结束时
	改善株型，防止徒长	B_9 2500和Bonzi5～20先后施用或混合施用	移栽10～14天后混合施用直到出售，除非植株表现出生长停滞
		Bonzi 15～60	使用浓度与不同品种有关，高生品种使用的浓度大
矮牵牛	保持株型，改善植株色泽；炼苗	B_9 2500＋Bonzi20	移栽10～14天后混合施用，以后每周施用1次直到售出，除非植株表现出停止生长的状态
		第一次 B_9 5000，然后Bonzi30～60	在植株很小的时候施用1次在高温条件下必要时施用
		Bonzi3～20	视植株长势和气候情况，移栽2周后施用；低浓度时可以随水灌根施用
		低温加Bonzi20	必要时施用1次，用以停止植株生长
		Sumagic5	视植株长势和气候情况必要时施用
一串红	防止徒长，改善植株色泽或炼苗	A-Rest 30	在移栽到288穴盘2周后开始施用，施2～3次
		B_9 5000	移栽2周后开始施用
		B_9 2500＋Bonzi 20	移栽10～14天后到出售前混合施用，每周1次，除非植株出现生长停滞状态
		Bonzi 3～30	视植株长势和气候情况，移栽2～3周后开始施用，每隔10～14天施用1次

（续）

花卉种类	使用目的	PGR及使用浓度（毫克/千克）	使用时期
金鱼草	增进着色；防止徒长	低温加 B_9 5000	移栽10～14天后混合施用直到出售，除非种苗表现出生长停滞的状态
		B_9 2500～5000、Bonzi 3～30；单独或混合施用	
美女樱	蹲苗，防止徒长	B_9 3000、Bonzi 3～30	视植株长势和气候情况；必要时移栽2～3周后开始施用
		Sumagic 3～7	
长春花	控制节间伸长，较高的浓度可以增进植株着色和增加植株硬度	B_9 2 500～5 000	移栽后10～14天施用，温度高时每周1次，温度低时视情况减少施用次数
		Sumagic 2～10	移栽2周后开始施用，1～2次

不同花坛植物对多效唑（Bonzi）和烯效唑（Sumagic）的敏感性不同（表34）。对于敏感的植物，在使用时应慎重。

表34　Bonzi和Sumagic对几种花坛植物的浓度适宜范围

相对水平	适宜浓度范围（毫克/千克）		花坛植物
	Bonzi	Sumagic	
高	30～60	15～30	万寿菊、大花藿香蓟、矮牵牛、金鱼草
中	15～30	5～15	鸡冠花、彩叶草、大丽花、孔雀草、一串红、美女樱，以及其他多数植物
低	5～15	1～3	天竺葵、非洲凤仙、三色堇、长春花

五、植物生长调节剂施用效果的影响因素

在种苗生产中生长调节剂的使用效果往往与以下因素有关：

1. 花卉对激素的敏感性　多效唑是一种广谱性的生长控制剂，在控制很多种植物生长上都很有效，但三色堇、天竺葵、长春花、

四季秋海棠等对于多效唑非常敏感，低浓度的多效唑可使长春花叶片产生黑斑，使四季秋海棠幼苗生长停滞，叶片皱缩、浓绿、脆嫩易折。同一种类的不同品种，作用效果也会不同，如矮牵牛中的梦幻3113系列，对多效唑较敏感，使用时要特别慎重。在生产中应根据不同的植物种类和预期目标，来选择适宜的激素种类。

2. 水肥管理状态 生长延缓剂对株高的控制是建立在植株正常肥水管理基础上，如果植株长期缺水或营养不良，则起不到应有的控制效果，有时还可能发生药害，如桔梗营养不良时施用多效唑，植物生长停滞，叶片边缘焦枯，出现叶斑。因而在施用植物生长调节剂之前，应保证植物正常的水肥供应。

3. 环境条件 激素的作用效果与环境条件有很大的关系。一般地说在冷凉的气候条件下，较低浓度的激素往往就可以取得较好的效果。当温度升高时，应适当提高生长调节剂的施用浓度。

4. 使用时间 植物生长调节剂的有效成分必须通过茎和叶的蜡质层进入植株，并输送到生长点才能起作用。丁酰肼和矮壮素为水溶性生长延缓剂，进入蜡质层缓慢，且只能在叶片湿润时才可通过蜡质层进入植株体内，一旦叶片干燥，植株停止吸收。因此，使用丁酰肼和矮壮素，要在下午的晚些时候或在高湿条件下施用，并避免淋洗，使叶片保持湿润12～18小时。而多效唑、烯效唑、环丙嘧啶醇为脂溶性生长延缓剂，可以很快通过膜质层进入植株体内，在30分钟内可完全被吸收。因此，这些生长调节剂可以在一天的任何时间应用。

5. 施用量 丁酰肼、矮壮素一般要喷到叶面滴水的程度，多效唑、环丙嘧啶醇作用效果很强，因而施用量较低，一旦施用过量就会引起“中毒”，产生叶斑、叶片卷曲甚至生长停滞等现象。因而要求生产者有足够的经验，否则在使用前应先少量试验，然后大批量使用。

第四章 穴盘育苗的设施设备

第一节　温室及其附属设备

温室是可以人工调控环境温、光、水、气等环境因子，其栽培空间覆以透明覆盖材料，人在其内可以站立操作的一种性能较完善的环境保护设施。它能够对环境因子进行有效的调节和控制，是花卉生产和科研中的硬件设施。现代化的温室配合一系列的专用设备使传统的育苗发展为现代化的工厂化育苗，使种苗生产成为当前花卉业机械化、自动化程度最为完善的行业，大幅度降低了成本，提高了整体效率（图 18）。

图 18　育苗温室

一、温室的类型

各地的温室类型很多，花卉生产中常用的温室，根据其建筑形式、覆盖材料等可以进行如下分类：

1. 根据屋顶的形状分

（1）单屋面温室　仅屋脊一侧为采光面的温室称为单屋面温室（图 19）。构造简单，北方地区多采用坐北朝南朝向。温室北侧依墙而建，屋面向南倾斜。采光材料最初以玻璃为主，后来演变为塑料薄膜，一般称为日光温室。这样的温室，阳光充足，保温性能较好，并且造价低廉；缺点是夏季通风不良，光照不均衡。

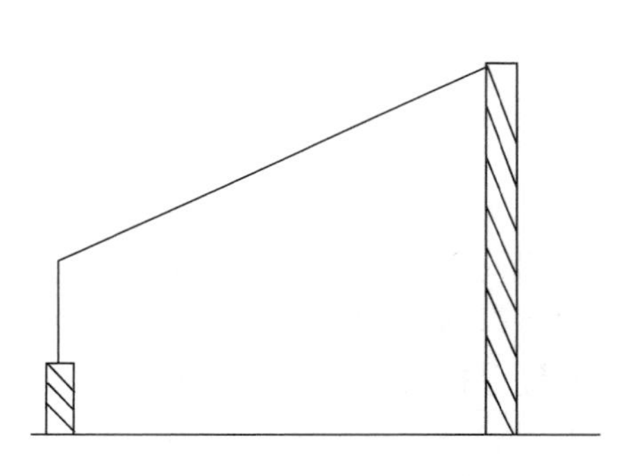

图 19　单屋面温室

（2）双屋面温室　屋脊两侧均为采光面的温室称为双屋面温室。根据两侧屋面的长短又可分为等屋面温室（图 20）和不等屋面温室（图 21）。等屋面温室有两个相等的倾斜玻璃屋面，一般是南北延长的单栋温室，光照与通风均良好，但保温性能差，适于温

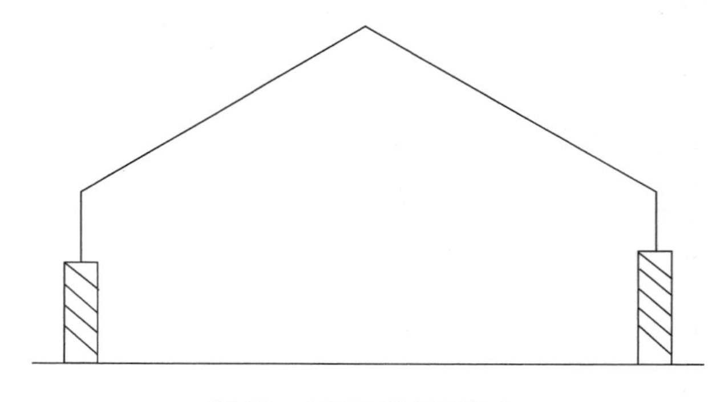

图 20　双屋面等屋面温室

暖地区使用。不等屋面温室一般采用东西延长，坐北朝南，南北面有不等长的屋面，北面的屋面长度比南面的短，约等于南面的1/3，保温较好，防寒方便。

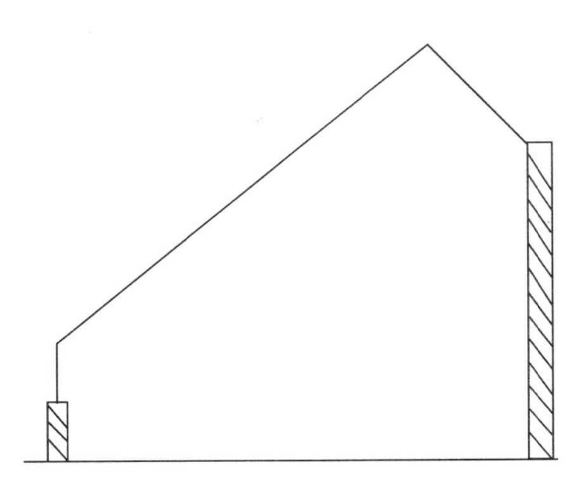

图21　双屋面不等屋面温室

(3) 连接屋面温室（联栋温室）　采用同一样式和相同的结构，二栋或二栋以上的温室通过天沟连接而成（图22）。包括采用双屋面、半圆形和拱形屋面。这种温室适合花卉的现代化大规模生产，利用率高。

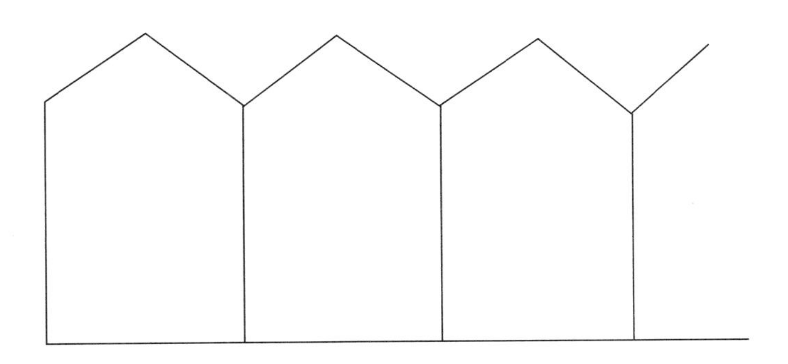

图22　连接屋面温室

2. 根据覆盖材料分

(1) 塑料薄膜温室　覆盖材料采用塑料薄膜的温室。又分为单层膜温室和双层充气膜温室。单层膜温室透光性较好，透光率80%左右，多在南方地区使用；双层膜温室透光性稍差，透光率50%～70%，但能够大大提高温室的保温性能，多在北方地区使用。由于塑料薄膜具有保温效果好、重量轻、容易施工、价格便宜等优点，在世界各国得到了广泛应用。但存在薄膜老化的问题，所以后期还要定期更换。日本、以色列、西班牙等国的温室主要以塑料薄膜为覆盖材料。

透光性能是选择温室覆盖材料需要考虑的主要因素之一。塑料膜的种类包括聚氯乙烯（PVC）、聚乙烯（PE）和聚酯复合材料（PC）。不同种类的塑料膜对日光的透过率不同。有关研究显示，PE透光膜对红外线的透光率为80%左右，而PVC透光膜对红外线透射率仅为20%。用于温室的塑料薄膜的厚度一般为0.12～0.2毫米，其中加有增强纤维和抗老化剂，以增强其抗拉抻能力和延长使用寿命。北方地区为了便于冬春季生产，还要加入防滴剂（流滴剂）以减少内膜表面结露，以防影响透光性。

（2）玻璃温室　以玻璃为主要透光覆盖材料的温室。这种温室透光性最好，主要适合于高需光性植物的种植。采用单层玻璃覆盖的称为单层玻璃温室，采用双层玻璃覆盖的温室称为双层中空玻璃温室。选用的玻璃一般为浮法平板玻璃，厚度为4毫米、5毫米两种规格。在荷兰多为玻璃温室，美国、中国也有应用。

（3）PC板（聚碳酸酯板）温室　特点是结构轻盈，防结露，采光性能好，荷载性和保温性优良，抗冲击能力强。大规模联栋温室覆盖材料一般为该种类型。但与玻璃温室相比，其透光性还是略为逊色，且造价偏高。为增加保温效果，寒冷地区可建造双层中空PC板温室。

3. 根据有无加温设施分

（1）日光温室　即不加温温室。主要依靠日光的自然温热和夜间的保温设备来维持室内温度。一般采用较简易的设施，充分利用太阳能。日光温室的结构各地不尽相同，分类方法也较多。根据墙体材料分干打垒土温室、砖石结构温室、复合结构温室；按结构分，有竹木结构、钢木结构、钢筋混凝土结构、全钢结构、热镀锌管装配结构等。

（2）加温温室　有加温设备的温室。又可分为连续加温温室和间歇加温温室。连续加温温室是配备采暖设施，冬季室内

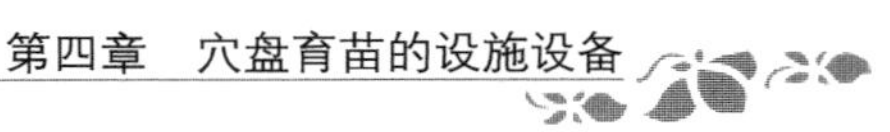

温度始终保持在10℃以上的温室。这种温室必须始终有人值班或有温度报警系统，以备在加热系统出现故障时能及时报警。配备采暖设施，但不满足连续加温温室条件的温室，定义为间歇加温温室。

二、温室的附属设备

1. 保温与加温设施　温室的保温及采暖功能，主要取决于外围护结构形式及覆盖材料，决定着温室运行费用的大小（尤其在北方地区）。目前国际上流行的办法是尽量完善温室的密闭性能，同时覆盖材料尽量选用导热系数小的材料，或在覆盖方式上尽量避免热量直接散失。就单屋面温室而言，其外围护结构主要有墙体和采光面覆盖物。墙体兼有隔热和储放热功能。研究发现，50厘米厚的纯土墙体，只有隔热功能，墙体厚度达到100～150厘米，才能起到白天吸收热量、夜间释放热量的功能。而采用总厚度48厘米的中间空心夹层的砖墙结构的异质复合墙体，就可以达到白天升温阶段吸收热能，而夜间降温阶段内侧墙体向外释放热量的作用。大型联栋温室的四周一般采用保温、隔热的太阳板。另外，采用双层门窗也可减少热损失。覆盖材料用以增加采光面夜间的热阻，传统的覆盖材料有草帘、棉被、无纺布等。小型日光温室用草帘、棉被等覆盖，能使室内温度提高3～5℃。20世纪60～70年代国外大型温室内部采用保温帘，由两层薄膜封成管状，中间封入泡沫、空气，在温室内组成天花板，可使夜间热量损失减少35%。80年代后，现代化的大型温室中一般在屋顶及四周配备保温幕系统，由PE膜或无纺布制成，可提高室内温度1～3℃，节省能源24%以上。一般来说，温室的高度和跨度越大，体积越大，所容纳的空气越多，外界环境变化时的缓冲能力越大，保温效果越好，但相对造价也越高。

温室的加温方式通常有烟道加温、锅炉加温、电器加温、热风加温等方法。

（1）烟道加温　是直接用火力加温的方法。其设备组成有炉、烟囱和烟道。这是北方小型温室广泛使用的加温方法，烟道设在北墙，设备费用低，但温度不易调节，室内空气干燥。

（2）锅炉加温　有水暖和气暖两种。此法多用于面积较大的温室建筑群。气暖升温快但冷却也快；水暖优于气暖，可保持室内温度均衡，是较为安全、实用的加温方法，在北方地区更受欢迎。

（3）电器加温　多应用于温室内局部加温。设备的主要构件为各种功率的电热丝或电热灯泡制成的电热管、电热炉，并配有自控装置以调节温度。电器加温具有温度均衡、清洁、管理方便等优点。电器加温可以直接用于提高室内气温，还可应用电热温床直接进行育苗，或设置电热管于水池的水体中，以提高土温和水温。

电热温床育苗是北方地区冬季常用的加温育苗方式。对于没有现代化加温设施的个体种植者，可以利用电热温床育苗以降低生产成本。设备主要由地热线和控温仪两部分组成。控温仪的作用是保持根系部位温度的相对稳定。铺设地热线是电热加温的关键。可以在地面铺设，也可直接在育苗床上铺设（图 23）。铺设时注意地热

图 23　直接铺设于育苗架上的电热温床

线不得重叠和交叉。两根以上的地热线必须采用并联电路。铺好后和控温仪连接。管理中注意安全性，同时避免出现根系上部水分过多、下部干旱的状况。

（4）热风加温　就是将空气在暖风机内直接加温，通过送风管将热风送出。此法是近年来国内外推广使用的加热方法，具有节能、无污染、投资较少、加温快而均匀、能使空气对流等特点，在南方较为常用。

2. 补光和遮光设施　冬天或连续的阴雨天会使温室中的光照严重不足，从而导致室内种苗徒长，在某些种类的花卉生产中长还需要用光照来调节花期，因而大型温室最好配备有加光装置。常用的光源有白炽灯、日光灯、高压钠灯、金属卤灯、镝灯等，在种苗生产中最好采用镝灯或高压钠灯、金属卤灯作为加光的光源，在花期调节中一般采用白炽灯或日光灯。

遮光时常用遮阳网，大型温室常用的遮阳方式有以下几种：

（1）内遮阳　一般采用铝箔编织物（图 7），夏天反射阳光，降低有效辐射的同时有效降温；冬季夜间防止室内热量辐射到室外，保温，降低温室运行能耗。是现代化温室大棚的首选配套产品。

（2）外遮阳　架设于温室之外的上空，主要目的为控制光照，包括骨架、遮阳网与驱动系统，遮阳网一般采用黑塑编织物（图 8）。

3. 通风与降温设施　通风方式主要采用自然通风和强制通风两种形式。自然通风一般采用开启天窗与侧窗；强制通风一般采用风机（图 24）与侧窗或湿帘配合两种形式，风机与侧窗配合利用对流原理，一般情况下能使温室温度降至接近室外温度，但不能低于室外温度；风机与水帘配合，利用风机向外排风使室内形成负压，从而使室外空气通过水帘的同时水分子汽化吸收热量，从而达到降温目的。

外遮阳有降低温度的作用，在夏季一般使用外遮阳以避免强烈日照和过高的温度对植物造成伤害。另外，采用微雾系统也能降

图 24　温室风机系统

温，但环境湿度太大，降温效果不十分理想。

4. 病虫害防除设施　为防止室外昆虫入室危害，一般在温室出入口应设立防虫网。防虫网一般为 20～32 目，幅宽 1～1.8 米，白色或银灰色。另外，温室内还需配备熏蒸器如温控式电热硫磺蒸发器，以在必要时进行温室熏蒸消毒。

5. 栽培床　温室中的栽培床分固定式和可移动式两种，一般为离地 75～100 厘米的高架苗床，便于操作人员的管理，利于空气流通，并避免地下害虫的危害。固定式苗床造价低，在每一床之间留有过道，但空间利用率相对较低，一般为整个温室面积的60%～70%；可移动式苗床（图 25）整个温室可只留一条过道，空间利用率能达到整个温室的 75%～85%。

6. 灌溉与施肥系统　花卉育苗多采用喷灌的形式。目前现代化的大型生产企业采用灌溉施肥技术，主要借助新型微灌系统，在灌溉的同时将肥料配对成各种比例的肥液一起注入到农作物根部土壤。通过精确控制灌水量、施肥量、灌溉及施肥时间，不但可以有效提高水肥资源利用率，而且有助于提高产量、节省资源、减少环境污染。一套完整的自动化灌溉施肥管理系统通常包括注肥系统、混肥系统、控制系统、检测系统和其他配件等。目前农业发达国家如以色列、荷兰等国已有 75%以上的灌溉面积利用了机械化灌溉

图 25　可移动式栽培床

施肥技术。我国多数的企业及个体种植者是将肥料人工溶解在水中，施肥、打药（图 26）常结合人工浇水进行。

图 26　育苗打药机

另外，在温室花卉生产中，由于温室内空气流通很少，二氧化碳（CO_2）得不到补充，植株进行光合作用又不断消耗CO_2，使得温室内的CO_2远远不能满足花卉生长发育的需求，最终影响了花卉的产量和品质。CO_2浓度升高可以促进生长，提高光合速率，减少蒸腾作用，抑制呼吸作用，提高水分利用率，提高碳氮比，增强茎秆运输、支撑能力，降低矿质元素含量，提高内源激素含量，降低气孔导度和密度等。目前在我国，CO_2施肥主要应用于设施蔬菜生产中，在温室花卉种苗生产中应用还不广泛。

7. 温室环境的计算机控制系统 在设备先进的现代化温室中，内部设有温度、湿度感应计及相应的环境自动调节和运行系统（图27），对温室的内环境进行半自动或自动控制。半自动控制主要采用编程控制与手动相结合。温室环境自动控制主要指计算机在温室控制中的应用，目前国内外研究应用的几种自动化温室控制方式主要包括基于单片机的温室环境因子控制、分布式智能型温室计算机控制系统、基于单总线技术的农业温室控制系统、多目标日光温室计算机生产管理系统、以局域网为工作环境的温室控制系统、基于PLC（programmable logic controller，可编程逻辑控制器）的温室控制系统。温室环境计算机自动控制技术的发展主要趋向于智能

图27 温室环境控制系统

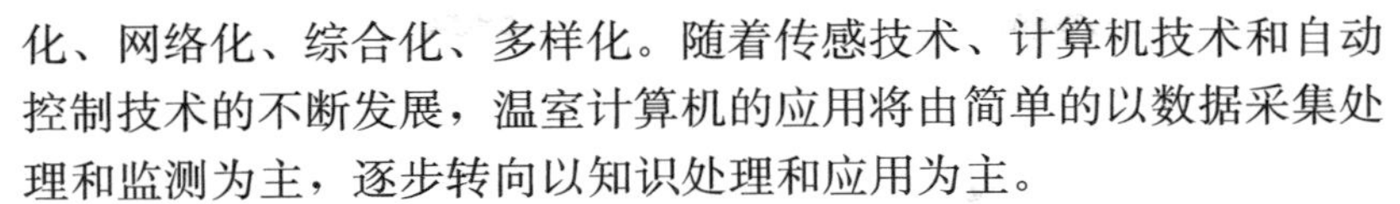

化、网络化、综合化、多样化。随着传感技术、计算机技术和自动控制技术的不断发展，温室计算机的应用将由简单的以数据采集处理和监测为主，逐步转向以知识处理和应用为主。

8. 工作间（准备房）　大型种苗生产企业一般设有工作间，可放置播种、移植、搬运等机械设备并进行相应的作业。中小型生产温室可不设立单独的工作间，装盘、播种等作业在生产温室内进行。

第二节　发　芽　室

发芽室也叫催芽室，是一个能控制温度、湿度和光照的结构空间，在催芽室内可完成种子处理、浸种、催芽等作业流程。发芽室可用来进行大量种子的浸种后催芽，也可将播种后的苗盘放进催芽室，待种子60%拱土时挪出。因其空间较小，故比温室更容易以较低成本控制环境、保持种子发芽的最佳条件，以期获得种子应有的发芽率和整齐度，既确保了全年生产计划，也相对地降低了生产成本。催芽室可分为固定式和移动式两种，固定式催芽室是保温密闭的小房间，室内有电热加温及光照、加湿设备，保温性能大致为1∶5～7（即温度上升到30℃之后，每加热1分钟，可停电5～7分钟），室内设置多层育苗盘架，适用于育苗量大的专用设施。移动式催芽室利用木材或钢材做成长方体骨架，安装上玻璃或塑料薄膜，夜间再覆以棉被或草帘等保温材料，做成简单的密闭小室。

一、发芽室的建造

发芽室的建造规模，与年生产量、同一批次种苗生产规模、不同种类的催芽时间及温度设置要求有直接的联系。在建造前应有详尽具体的规划，以避免不合理的投资。具体来说建造发芽室应考虑以下几个问题：

（1）发芽室的建造规模（空间容量）。必须考虑同一批次的播种规模和年生产量及不同种类的发芽占用周期。

（2）催芽室距离育苗温室不能太远，以缩短萌发的苗盘转移到生产温室中时暴露在外的时间（尤其严冷的冬季）。

（3）催芽室应具有良好的温、湿度度调节系统和光照控制系统。

发芽室的建造应本着经济、实用、保温、增湿效果好的原则，一次育苗量较少的，可将催芽室放在育苗温室里，用塑料薄膜隔成一个独立的空间，提供足够的温度条件即可；也可利用原有的建筑改建，或是采用轻型保温彩钢板新建。

二、发芽室的设备配置

1. 温度控制系统 提供加温、降温的功能。小型发芽室可采用空调来控制温度，大型发芽室可用热水管道系统来加温，用冷却器来降温，和温度控制器共同使用，来调整发芽室内温度。先进的发芽室可以精准地控制根际温度。喜冷凉气候的种苗的发芽适温控制在 10～15℃，大部分种苗的发芽温度控制在 20～25℃。

2. 湿度控制系统 喷雾是发芽室最好的加湿方式，雾气大小可用一套全自动雾控器与电眼来控制。包括喷雾控制器、红外探头、水管控制装置、气管控制装置、雾喷头。该系统需要一个气压泵，需 2.8 千克/厘米^2 的工作水压，工作时将压缩空气打入雾化喷头，通常每 10～15 米^2 安装一个。喷出的雾滴要呈雾状，不能形成水滴，否则滴在穴盘上影响种苗生长。喷雾系统的开闭由红外探头或电子编程的定时器控制。

3. 光照控制系统 大部分花卉种苗在黑暗状态下能良好发芽，少数品种需加光，加光一般采用低压荧光灯定位于发芽架上来解决。

4. 移动式发芽架 分带补光设置的和不带补光设置的两种。发芽架的规格视发芽室空间的大小而定。常用的发芽架架长 2.2 米、宽 1.1 米、高度 1.8 米，设两层以上的隔板，板间距 75 厘米，一般 15 层。底层离地面 20 厘米，为便于移动，底部采用具有一组锁止装置的脚轮设计（图 28）。

5. 电器及控制系统 包括单相或三相气压泵（气压应达到 2.8 千克/厘米^2），水泵（水压达到 2.8 千克/厘米^2），低压配电箱（变压器、低压照明设施），低压电器，电器控制箱（控制电源、空调、水泵、气压泵、喷雾设备等），发电机（防止电力不足或突然停电对生产造成影响），电线，开关，插座等。

图 28 移动式发芽架

6. 门 为加强保温效果，最好使用滑动式双层门结构。门高以能使发芽架自由出入为宜。

第三节 塑料大棚及其附属设施

塑料大棚俗称冷棚。我国习惯上将没有砖石等围护结构，以竹、木、钢材等材料做骨架（一般为拱形），全部表面均用塑料薄膜作为透光覆盖材料的结构设施，称为塑料大棚（图 29）。塑料大棚充分利用太阳能，有一定的保温作用，并通过卷膜在一定范围调

图 29 塑料大棚

节棚内的温度和湿度，通过更换遮阳网进行夏秋季节的遮阴降温和防雨、防风、防雹等简易设施栽培。北京及周边地区一般利用塑料大棚进行春、夏、秋三季的花卉生产和半耐寒花卉的越冬。

一、塑料大棚的类型

1. 根据结构分

（1）简易竹木结构大棚　这种结构的大棚，各地区不尽相同，但其主要参数和棚形基本一致。大棚的跨度6～12米、长度30～60米、肩高1～1.5米、脊高1.8～2.5米；按棚宽（跨度）方向每2米设一立柱，立柱粗6～8厘米，顶端形成拱形，地下埋深50厘米，垫砖夯实，将竹片固定在立柱顶端成拱形，两端加横木埋入地下并夯实；拱架间距1米，并用纵拉杆连接，形成整体；拱架上覆盖薄膜，四周拉紧后将膜的端头埋在四周的土里。拱架间用压膜线或8号铅丝、竹竿等压紧薄膜。其优点是取材方便，造价较低，建造容易；缺点是棚内柱子多，遮光率高、作业不方便，寿命短，抗风雪荷载性能差。

（2）焊接钢结构大棚　拱架是用钢筋、钢管或两种结合焊接而成的平面桁架，上弦用16毫米钢筋或6分管，下弦用12毫米钢筋，纵拉杆用9～12毫米钢筋。跨度8～12米，脊高2.6～3米，长30～60米，拱眨1～1.2米。纵向各拱架间用拉杆或斜交式拉杆连接固定形成整体。拱架上覆盖薄膜，拉紧后用压膜线或8号铅丝压膜，两端固定在地锚上。

这种结构的大棚，骨架坚固，无中柱，棚内空间大，透光性好，作业方便，是比较好的设施。但这种骨架需涂刷油漆防锈，1～2年涂刷一次，比较麻烦，如果维护得好，使用寿命可达6～7年。

（3）镀锌钢管装配式大棚　这种结构的大棚骨架，其拱杆、纵向拉杆、端头立柱均为薄壁钢管，并用专用卡具连接形成整体，所有杆件和卡具均采用热镀锌防锈处理，大棚跨度4～12米，肩高1～1.8米，脊高2.5～3.2米，长度20～60米，拱架间距0.5～1

米，纵向用纵拉杆（管）连接固定成整体。可用卷膜机卷膜通风、保温幕保温、遮阳幕遮阳和降温。

这种大棚为组装式结构，建造方便，并可拆卸迁移，棚内空间大、遮光少、作业方便；有利作物生长；构件抗腐蚀、整体强度高、承受风雪能力强，使用寿命可达15年以上，是目前最先进的大棚结构形式。

2. 根据覆盖材料分

（1）普通塑料膜大棚　以聚乙烯或聚氯乙烯膜为覆盖材料，膜厚0.1毫米，无色透明。这种薄膜透光性好，夜间保温性差，扩张力、延伸力、耐照性差，使用寿命约半年。多用在温室内部做双重保温幕。

（2）多功能长寿无滴膜大棚　多功能长寿无滴膜是在聚乙烯吹塑过程中加入适量的防老化剂和表面活性剂制成。使用寿命比普通膜长一倍，夜间棚温比其他材料高1～2℃。而且膜不易结水滴，覆盖效果好，成本低、效益高。

二、塑料大棚的附属设施

1. 草被或草苫　用稻草纺织而成，保温性能好，是配合塑料大棚使用的夜间覆盖保温材料。

2. 无纺布　无纺布具有防潮、透气、柔韧、质轻等特点，有不同的密度和厚度，在花卉生产中可用于塑料大棚的保温、遮阳和育苗初期的保湿覆盖。

3. 遮阳网　常用的有黑色和银灰色两种，有数种密度规格，遮光率各有不同。主要用于夏天的遮阳防雨。

第四节　自动化播种生产线

大型企业为便于规模化的种苗生产，温室中一般有自动化播种生产线，主要包括播种机、基质填装、覆盖、镇压系统及灌溉设备。

一、播种机种类与工作原理

目前可用于穴盘育苗的播种机基本可分为针式播种机、滚筒式播种机、盘式（平板式）播种机三大类，其中针式播种机、滚筒式播种机在国内应用较多。

1. 针式播种机

（1）工作原理　工作时利用一排吸嘴从振动盘上吸附种子（图 30），当育苗盘到达播种机下面时，吸嘴将种子释放，种子经下落管和接收杯后落在育苗盘上进行播种，然后吸嘴自动重复上述动作进行连续播种。

图 30　针式播种机

（2）特点　适用范围最广的播种机，从四季秋海棠等极小的种子到甜瓜等大种子均可进行播种。播种精度高达 99.9%（对干净、规矩的种子而言），播种速度可达 2 400 行/小时（128 穴的穴盘最多每小时可播 150 盘），无级调速，能在各种穴盘、平盘或栽培钵中播种，并可进行每穴单粒、双粒或多粒形式的播种。使用时需按照种子的大小选择适宜规格的吸嘴。

（3）基本机型　常用的有气动牵引针式播种机、可编程逻辑控制器控制针式播种机。两者的播种范围和播种精度相同，但采用气动牵引针式播种机无法与自动冲穴、自动灌溉、自动覆土等设备配套使用；PLC 控制的针式播种机通常与自动冲穴、自动灌溉、自动覆土等设备配套使用，组成自动化播种生产线。

2. 滚筒式播种机

（1）工作原理　工作时利用带有多排吸孔的滚筒，首先在滚筒内形成真空吸附种子，转动到育苗盘上方时滚筒内形成低压气流释

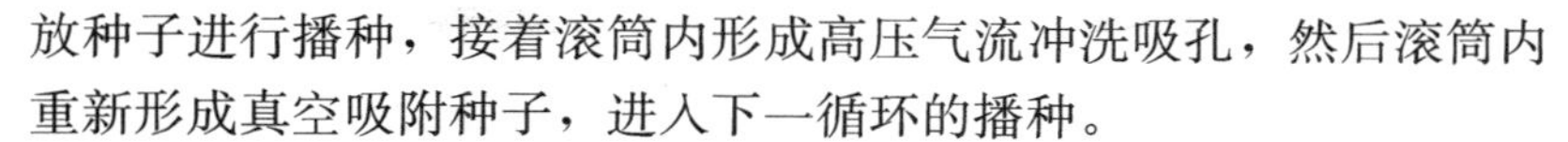

放种子进行播种，接着滚筒内形成高压气流冲洗吸孔，然后滚筒内重新形成真空吸附种子，进入下一循环的播种。

（2）特点　适用于大中型育苗场的高效率精密播种，适于绝大部分花卉、蔬菜等种子。播种精度可达99%（对干净、规矩的种子而言），播种速度高达18 000行/小时（128穴的穴盘最多每小时可播1 100盘），无级调速，能在各种穴盘、平盘或栽培钵中播种，并可进行每穴单粒、双粒或多粒形式的播种，可以与搅拌机、填土机、灌溉和覆土设备等组成自动化播种生产线。

3. 盘式（平板式）播种机

（1）工作原理　用带有吸孔的盘播种，首先在盘内形成真空吸附种子，再将盘整体转动到穴盘上方，并在盘内形成正压气流释放种子进行播种，然后盘回到吸种位置重新形成真空吸附种子，进入下一循环的播种。播种方式为间歇步进式整盘播种，播种速度很快。

（2）特点　播种速度很高，一般为1 000～2 000盘/小时，适应范围较广，适合绝大部分穴盘和种子。特殊种子和过大、过小种子的播种精度不高。不同规格的穴盘或种子需要配置附加播种盘、冲穴盘，费用较高，少量播种无法进行。

二、自动化生产系统

一个完整的种苗生产自动化系统包含播种系统、搬运系统、育苗管理系统及移植系统等。每一系统又因花卉种类、生产规模、市场需求及所具有的技术水平不同，自动化的程度有所不同。

1. 播种系统　穴盘苗播种采用生产线的方式，程序包括基质调配、穴盘添装、镇压、打孔、播种、覆盖、浇水（图31）。大型育苗场，上述工作可以全部由机械操作；中小型育苗场，部分工作如基质调配、穴盘添装等由人工来完成。

2. 搬运系统　在国外，一般穴盘和种苗箱的搬运以输送带为主，国内自动化程度不高的生产企业以人工搬运为主。目前我国台湾已研制成功穴盘自动排盘与搬运系统，可减少播种过程中操作人员80%的工作量。

3. 育苗管理系统 育苗管理系统主要包括温室内的环境控制系统如温度、湿度、光照、二氧化碳浓度等的自动化控制系统，上述所有信号由感测器感知，经由电脑软件分析做出判断，之后发出控制指令以指挥各种环境控制设施。

图31 自动化播种系统

4. 移植系统 移植系统分抓取式移植系统、推杆式移植系统等。抓取式移植系统需配备与穴盘规格相适应的星形穴格，顶出穴格内的种苗以便机器抓举。缺点是不能分辨抓出苗株质量的好坏。推杆式移植系统所用的育苗穴盘可拆分为条形，在种苗达到合格的标准后，人工将穴盘拆成一条一条，置入移植机械，移植机上装有光学检测系统以判断是否缺苗，移植时跳过缺苗处，将苗推入盆内。由于劳力资源的缺乏，这种移植系统在日本、美国、荷兰等发达国家很受欢迎。

采用全套机械化方法育苗，可以实现育苗生产流程自动化，日常管理规范化，成苗经营商品化，且省工、省力、生产效率高。一般每人可管理种苗20万～30万株。

第五章 穴盘苗生产技术

第一节 播 种

一、播前准备

1. 基质的预先浸润 基质填装前应预先浸润，最好使基质的湿度（水分含量）在50%～70%。若湿度低于50%，基质颗粒间过于紧密，气体空间会受限制，播种后浇水时也容易把基质和种子冲出；若高于70%，基质过黏，均匀填充变得困难。

基质湿度的确定，可根据公式［（IW－DW）÷IW］×100%计算求得。式中IW为最初基质的质量，DW为同体积基质的干重。测试方法如下：

（1）在3个同体积的烧杯中各加入同体积的半杯基质样品。

（2）分别称得3个样品的质量，取其平均值记为IW。

（3）把样品放在烘干炉中107℃烘干4小时。

（4）再次分别称量3个样品的干重，计算3个样品的平均值DW。

（5）代入公式计算湿度含量。

当测得基质湿度小于50%时，可根据表35酌情添加水分，并搅拌均匀，使之适于穴盘的填装。

2. 基质填装 可人工填装，也可机械填装。机械填装操作程序为备料→送入混拌机拌匀→送入盛料斗→装盘→刷平→压痕。

表 35　基质湿度百分数对应的单位体积基质含水量

湿度(%)	1 米^3 基质中水的体积（升）	湿度(%)	1 米^3 基质中水的体积(升)
10	10	60	150
20	25	67	200
33	50	72	250
50	100	75	300

注：表中的基质指泥炭-蛭石或泥炭-珍珠岩无土基质，干基质的密度为 0.1 克/毫升。

人工操作应注意使每个穴孔填装均匀，并轻轻镇压，使基质中间略低于四周。基质不可填装过多，应略低于穴盘穴孔的高度，使每个穴孔的轮廓清晰可见。填装过多不利于基质存水和种子的覆盖；过少就失去了基质对植株的固定支撑作用，不能保证整个育苗周期幼苗根系对水、肥、气体的正常需求。大量种植集中装盘时，穴盘应交错垂直摆放，而不要直接垛叠，以防上下层受力不均，造成基质紧实度不一，给后期苗床的水分管理带来不便(图 32)。

正确

错误

图 32　填装好基质的穴盘的码放

3. 淋水　播种前一两天，用细雾喷头将穴盘浇透。浇水过少，不能保证穴孔底部的湿度；浇水过多，会减少基质中通气孔隙的比例，影响透气性。刚好浇透的简单判断方法是穴孔底部的渗水孔恰好有水分渗出。初次生产者，掌握好湿度是难点，不要一次浇透，应采取来回浇的方式，让水分缓慢渗入基质中。

二、播种

1. 播种量的计算　根据目标生产数量、本企业生产技术水平及所购买种子的质量，确定适宜的播种量。

实际播种量（粒）＝需苗数×安全系数÷种子用价；安全系数与花卉种类、生产技术水平等有关；蔬菜生产上常采用的安全系数为1.5～2。种子用价（％）＝种子净度（％）×种子发芽率（％）。例如某生产企业在为五一准备四季秋海棠穴盘苗时，计划生产10万株穴盘苗，种子净度100％，芽率90％，依据多年的经验，安全系数为1.5。代入公式计算，则需播种量＝10×1.5÷（100％×0.9）＝16.7（万粒）。

2. 播种方式　大批量生产可采用机械播种，优点是快速、省劳力；缺点是不能确保种子落在穴孔正中最佳位置。小量生产可人工点播，优点是可使种子放在穴孔中间的位置，利于日后的发芽生长；缺点是慢、费人工。播种完毕做好标签，其上注明品种、花色、播种日期等，并统一贴于穴盘短边一侧，以便及时掌握发芽、生长状况，方便管理。

3. 播种时间　温室中由于具备温、湿、光等调节设施，播种不受自然季节的影响，一年四季均可进行。塑料大棚等简易的设施，通常只进行春、夏季的育苗。花坛花卉的种苗生产，以冬育苗（五一用花）和夏育苗（十一用花）为主。宿根种类的播种育苗通常在秋、冬季或春季进行。

每个花卉种类具体的播种时间，一般用预定种苗出圃日期减去该种类的育苗周期来确定。为保险起见，可以在上述计算的基础上再提前1周左右。

三、覆土

即通常所说的“盖籽”，可由机械或人工完成。覆土可以保持种子周围适宜的湿度，覆土厚度一般为种子直径的1～2倍。仙客来等发芽需要暗环境的种类，播种后必须覆土；少数种类如四季秋海棠、六倍利等，种子细小，需在微弱光照的条件下种子才能更好地萌发，一般不宜覆土。覆土材料一般用蛭石、珍珠岩等无土基质，湿度在60%～70%。要确保种子和基质紧密结合。最后在苗盘上方覆盖地膜或无纺布保湿。

四、催芽

分播种前催芽和播种后催芽。机械播种一般采用播种后催芽。有发芽室的，播种后可以将苗盘先放入催芽室进行催芽；没有发芽室的，直接将苗盘放在育苗温室中。苗床育苗干净整洁，避免了因穴盘与土壤接触而产生病虫害；但基质湿度降低得快。没有苗床的，可在地面上铺设隔离物，将穴盘垫起（图33）。该方式造价低廉，既保持了相对清洁的根系环境，也免除了蛞蝓、鼠妇等地下害

图33　地面穴盘育苗

虫对幼苗的伤害。

第二节　穴盘育苗管理技术

一、花卉穴盘苗的阶段划分及管理要点

花卉种子从胚根露出种皮，就标志着进入了新的个体生长阶段。种苗生产中，从播种开始，到种苗达到出圃的规格，可以进行移栽或种苗出售，称为一个生产周期。生产周期的长短，与花卉的种类、当地气候、栽培环境条件、栽培技术、穴盘规格等因素有关。根据不同阶段的生长特点对环境条件要求的不同，美国的戴维·柯瑞恩（David Koranski）将穴盘苗生长周期分为四个阶段。

第一阶段：从播种到种子初生根（胚根）突出种皮，俗称露白（简记为Ⅰ）。该阶段要求较高的温度和湿度环境。一、二年生花卉大部分20～25℃为最适温度，花毛茛、飞燕草等少数喜冷凉的花卉要求15～18℃。持续恒定的温度可以促进种子对水分的吸收，解除休眠，激活生命活力。除美女樱等少数喜欢基质干燥的种类外，大部分种类该阶段要求基质和空气湿度90%～100%，以满足种子对水分的需要，促进其生物化学反应的完成。本阶段对光照的要求，因花卉种类不同而有区别。喜光类型的种类，100～1 000勒克斯的光照，可以促进种子很好地萌发；而仙客来、长春花等种类，种子发芽需要黑暗的环境，微弱的光照也可能影响种子的萌发。有发芽室的，该阶段一般在发芽室中度过，但一旦胚根露出应立即移出发芽室，转移到温室中进行养护，否则会造成下胚轴徒长。

第二阶段：从胚根出现，下胚轴伸长，顶芽突破基质，上胚轴伸长，到子叶展开，称为第二阶段（简记为Ⅱ）。该阶段植物个体的根系、茎干、子叶都开始生长发育。与第一阶段相比，部分种类该阶段的土壤湿度和空气湿度略有下降，对湿度要求严格的种类仍保持阶段Ⅰ的湿度水平，但光照应逐渐加强，从几百勒克斯到几千勒克

斯。该阶段应根据不同植物对环境的要求，控制好温度、湿度和光照条件，高温、高湿、寡照易使下胚轴伸长过快，引起幼苗徒长，影响穴盘苗的质量。幼苗子叶展开时理想的下胚轴长度约为0.5厘米，部分种类下胚轴1.0厘米以上则表现为徒长的现象。所以下胚轴的矮化及促壮是提高种苗质量的关键，也是该阶段的管理重点。生长迅速的种类及育苗期长的（如瓜叶菊、报春花、四季秋海棠等）开始施用薄肥，氮的浓度不超过50～75毫克/千克，每周1次。

第三阶段：从子叶展开，第一片真叶出现到具备3～4片真叶（200目或288目），称为第三阶段（简记为Ⅲ）。这一阶段的外观表现主要是真叶的生长。与第二阶段相比，该阶段环境的温度、基质湿度、空气湿度都应逐渐降低，但光照应逐渐加强，从几千勒克斯到两万勒克斯左右。该阶段种苗生长迅速，对养分的需求大大增强。因而要逐渐加强肥料的供给，氮的浓度从75毫克/千克逐渐上升到150毫克/千克。水分管理上可以允许基质表面有轻微干燥的机会以促使根系更快地生长。

第四阶段：从幼苗达到出圃的规格，到出售或上盆前，为第四阶段（简记为Ⅳ）。此阶段的幼苗已达到出圃规格，对环境条件的适应和抵抗能力大大增强，在不影响生产周期、不致造成幼苗伤害的情况下，温度、空气湿度可以尽量维持在较低的水平，同时要适当控制水分，少施或不施铵态氮肥，为其适应运输或定植的环境做锻炼，也称“炼苗”。但有些植物在该阶段对基质水分亏缺很敏感，过于干燥影响生长甚至出现永久性萎蔫，即使再补充水分也难以恢复正常，如鸡冠花穴盘苗易早熟成“小老苗”、天竺葵下位叶变红、一串红子叶变黄、脱落等，其他过度缺水会造成永久萎蔫的还有大花藿香蓟、长管弯头花、三色堇、福禄考、欧洲报春、角堇等。

花卉穴盘苗四个阶段是为了便于管理人为划分的，实际上植物的生长是连续不断地进行的，各阶段之间不存在明显的时间界限。总的来讲，随着植株的生长，对外界环境的适应能力逐渐加强，生产管理上，应根据幼苗的生长发育规律，逐渐降低空气和基质的温、湿度，提高光照强度，增加肥料的施用浓度以培育壮苗。

二、优质花坛花卉穴盘苗的标准及影响因素

1. 优质穴盘苗的标准　培育壮苗是获得优质穴盘苗的关键。蔬菜生产中，狭义地讲，壮苗是指秧苗个体的健壮程度，其主要反映在秧苗活力旺盛、适应力强及生长发育适度与平衡等方面，与苗龄大小无关。蔬菜生产上常用壮苗指数［壮苗指数＝100%×（茎粗×全干重）÷茎长］来衡量苗的健壮程度。广义上壮苗还包括苗龄这个因素。苗龄包括生理苗龄与日历苗龄。秧苗生长发育的程度如叶片数、现蕾程度称生理苗龄，而生产上习惯用育苗天数表示苗龄的大小，称日历苗龄。

对秧苗群体而言，壮苗还包括无病虫害、生长整齐、株体健壮三个方面。

目前，花坛花卉生产中对种苗质量的评判，国际、国内尚无公开的质量标准，也没有具体的质量评价指标。在穴盘育苗技术应用最早的美国，一般凭借生产者的经验来确定穴盘苗的质量。研究建立花坛花卉种苗质量标准体系，对推动我国花卉产业结构的战略性调整，提高花卉种苗产品质量、效益和市场竞争力，引导花卉产品消费以及指导花卉生产等具有重要的现实意义。在相关的标准颁布、实施前，可以参照表 36 和表 37 的描述来评价种苗的质量。

表 36　丛生型花坛花卉种苗质量等级描述

评价内容	一级	二级	三级
整体效果	株高整齐；高度适中；长势健壮，无徒长、衰老和受抑制现象；无现蕾和开花	株高整齐；高度适中；长势健壮，无徒长、衰老和受抑制现象；无明显的现蕾和开花	株高较整齐；长势较健壮，无明显的徒长、衰老和受抑制现象；无明显的开花
茎、叶状况	下胚轴无徒长现象；无明显的节间；顶芽正常；叶片充分伸展；叶片形状、大小、色泽、斑纹等符合品种特性；叶质偏硬；基部子叶无黄化、脱落	下胚轴无徒长现象；无明显的节间；顶芽正常；叶片充分伸展；叶片形状、大小、色泽、斑纹等符合品种特性；叶质偏硬；基部子叶无脱落	无明显的节间；顶芽基本正常；叶片伸展；叶片形状、大小、色泽、斑纹等基本符合品种特性；叶质偏硬；基部子叶部分宿存

（续）

评价内容	一级	二级	三级
病虫害或损伤情况	无病虫危害症状，无机械损伤、药害以及灼伤等	无病虫危害症状，无机械损伤、药害以及灼伤等	无明显病虫危害症状，无机械损伤、药害以及灼伤等
根系状况	根系健康、发达，能够充分团住基质，无错综盘结；有大量根毛，根毛呈白色；无病害、生长异常现象	根系健康、发达，能够充分团住基质；无严重的错综盘结；有大量根毛，根毛大部分呈白色；无病害、生长异常现象	根系健康、发达，能够充分团住基质；根毛大部分呈白色；无病害、生长异常现象

表 37　直立型花坛花卉种苗质量等级描述

评价内容	一级	二级	三级
整体效果	株高整齐；高度适中；长势健壮，无徒长、衰老和受抑制现象；无现蕾和开花	株高较整齐；高度适中；长势健壮，无徒长、衰老和受抑制现象；无现蕾和开花	株高较整齐；长势较健壮，无明显的徒长、衰老和受抑制现象；无明显的现蕾和开花
茎、叶状况	下胚轴无徒长现象；节间长度适中；顶芽正常；叶片充分伸展；叶片形状、大小、色泽、斑纹等符合品种特性；叶质偏硬；基部子叶无黄化、脱落	下胚轴无明显的徒长现象；节间长度适中；顶芽正常；叶片充分伸展；叶片形状、大小、色泽、斑纹等符合品种特性；叶质偏硬；基部子叶无脱落	下胚轴无明显的徒长现象；节间长度基本适中；顶芽正常；叶片伸展；叶片形状、大小、色泽、斑纹等基本符合品种特性；叶质偏硬；基部子叶部分宿存
病虫害或损伤情况	无病虫危害症状，无机械损伤、药害以及灼伤等	无病虫危害症状，无机械损伤、药害以及灼伤等	无明显病虫危害症状，无机械损伤、药害以及灼伤等
根系状况	根系健康、发达，能够充分团住基质，无错综盘结；有大量根毛，根毛呈白色；无病害、生长异常现象	根系健康、发达，能够充分团住基质；无严重的错综盘结；有大量根毛，根毛大部分呈白色；无病害、生长异常现象	根系健康、发达，能够充分团住基质；根毛大部分呈白色；无病害、生长异常现象

2. 影响穴盘苗质量的因素　根据生产实践经验，将影响穴盘苗质量的常见因素简单列于表38。

表38　优质穴盘苗的常见影响因素

质量构成要素	异常生长现象	常见影响因素
高度	节间、叶柄过长	高温、高湿、寡照，铵态氮肥过多，促进生长的化学物质的不恰当施用
	节间、叶柄过短	低温、高光强，硝态氮肥施用过多，生长延缓剂的不恰当施用
叶片颜色	浅绿、黄	光照不足、养分缺乏，缺镁、铁，缺水或水分过大
	深绿	氮肥供应过多，丁酰肼或多效唑施用过量
真叶数量	少	长期低温、肥水供应不及时等造成的生长滞后
真叶大小	小	氮肥供应不足，水分亏缺，缺锌，药害，生长抑制剂的使用
	大	氮肥供应过盛，水分偏大，生长促进剂的使用
花苞	出现花苞（秋海棠、凤仙等除外）	培育时间过长，遭受逆境（如干旱、营养缺乏等）
根系数量	少	基质通透性不好，电导率高，水分偏大
根系色泽	棕褐色	根系病害，水分管理不当，长期水渍，长期滞留穴盘
根系位置	集中在穴孔中上部	水浇得过勤而又未浇透造成上部湿润下部偏干，氮肥使用不当
整齐度	高低不齐	发芽不集中，肥水管理不均匀
出售前质感	偏软，含水量太多、植株过嫩	后期未适当地控制肥水，钙缺乏，没有充分炼苗

注：以上所列原因仅是简单罗列，具体原因应根据实际情况具体分析。

三、花坛花卉穴盘育苗的常见问题与控制

生产高质量的穴盘苗要从优质的种子、适宜的环境和恰当的

苗床管理等因素综合考虑。在温室这种相对高温、高湿、寡照的环境中，极易出现幼苗徒长、地上部与根系比例不协调、生长滞后或超前等异常现象。因而如何控制植株整体的协调生长，在恰当的时间获得优质穴盘苗是花坛花卉种苗生产的关键。

图 34 波斯菊地上部比例过大

1. 地上部的徒长 地上部的徒长或地上部与根的比例过大（图 34）是温室育苗的常见现象。控制方法包括：

（1）降低温度或用负的昼夜温差 在10～26℃范围内，降低每天的平均温度，可以控制幼苗的生长速度；但根的生长速度也随着每天平均温度的降低而减缓。多数作物的节间长度主要由白天和晚间的温差决定。利用日出前两小时通风形成负的昼夜温差（昼温低于夜温），在控制节间生长的同时，会促进根的生长。

（2）控制水分 多数花卉种类种苗生长到第Ⅱ阶段之后，应保证每两次浇水之间基质都有一个轻微干燥的过程，以促进根系的充分生长。

（3）选择适宜的肥料 改用含硝态氮和钙多的肥料，高硝态氮能保证植物生长时对氮的需求，又会防止植物徒长；钙对保持细胞壁的厚度、细胞的分裂和伸长是必需的。可使用高硝态氮和高钙的肥料如 13－2－13－6－3（氮-磷-钾-钙-镁）。需要注意的是此类肥多呈碱性，使用一段时间后应适时调整基质 pH。

（4）增加光强 在一定范围内增加光强会增强植物的光合作用，从而为根的生长提供更多的碳水化合物。研究表明当光照低于16 140 勒克斯时，叶片优先得到碳水化合物的供应，当光照水平继续升高（16 140～32 280 勒克斯）时，根与叶子共同分享碳水化合物，以满足生长的需要。当叶片的光照大于 32 280 勒克斯时，叶的温度就超过了继续安全进行光合作用的临界点（高于 32℃），气孔关闭，光合作用暂时停止。

（5）使用生长调节剂　适宜浓度的顶酰肼、多效唑和烯效唑等生长调节物质能有效地控制地上部的生长同时又能促进碳水化合物向根系的运输，间接促进根的生长。

2. 根的过盛生长　表现为根系过于发达，而地上部太小（图 35），叶颜色浅、节间短。一般在湿度低、光照强的温暖地区经常遇到此类问题。调整方法有：

（1）升高温度或用正的昼夜温差　在 10～26℃范围内，提高每天的平均温度，地上部的生长速度加快；正的昼夜温差（白天温度高于晚间），利于增加节间长度或茎的伸展，并使植物的干重增加。

图 35　红苋根系比例过大

（2）加强水分管理　在保证基质有个适当的干燥过程的基础上，增加浇水次数；增加穴盘苗周围的空气湿度。

（3）选择适宜的肥料　多用铵态氮肥和含磷高的肥料，以促进茎叶的伸展。

（4）适宜的光照水平　通过遮阴把光照降到 26 900 勒克斯以下。光照水平低可保证叶片温度低于临界温度（低于 32℃），使气孔始终处于打开的状态，光合作用继续进行，而蒸发和蒸腾作用降低。红光/远红光比例降低也会使地上部长得更快。

（5）使用生长调节剂　适宜浓度的赤霉素、吲哚丁酸等生长调节物质可以促进茎叶细胞伸长。

3. 生长滞后的解决办法　当穴盘苗的生长长于正常生长周期时，生长表现为滞后，需要加速穴盘苗的生长。种植者可以采用：

（1）把日平均温度提高 2～3℃。

（2）用正的昼夜温差。

（3）利用正确的浇水方法，不干不浇，浇则浇透。

（4）使用更多的铵态氮肥（如尿素），使氮的水平在150～250毫克/千克之间（如20-10-20的肥料），并多次使用。需要注意的是应经常检查基质的pH和电导率，以避免根的生长和养分的吸收出现大的问题。

（5）提高光照水平，维持在16 140～26 900勒克斯。

4. 生长超前的解决办法 当穴盘苗的生长短于正常生长周期时，种苗生长超前，当不能提前移栽或出售时，需延缓穴盘苗的生长。种植者可以：

（1）把日平均温度减少2～3℃。

（2）用负的昼夜温差（夜温高于昼温3～6℃），通常采用日出前2小时通风的办法，来达到负的昼夜温差的目的。

（3）每次浇水前在不使植物遭受干旱胁迫的情况下，尽量使基质干燥。

（4）控制氮的施用，如必须施肥使用更多的硝态氮和含钙的肥料。

（5）增加光照水平（26 900～43 040勒克斯）。

（6）正确选用生长调节剂，如使用多效唑、矮壮素和烯效唑来推迟植物的生长。

（7）采用穴盘苗冷藏技术。

5. 穴盘苗滞留穴盘 穴盘苗达到出圃规格后，经过炼苗，应及时从穴盘中移出上盆，继续停留在穴盘中称滞留穴盘。某些种类的花卉穴盘苗对滞留穴盘敏感，经过长期滞留穴盘，再移栽后也许不会恢复到正常的生长状态。这类花卉包括鸡冠花、千鸟草（小飞燕草）、万寿菊、羽衣甘蓝、金鱼草等。四季秋海棠、非洲凤仙、矮牵牛等对滞留穴盘的敏感程度要低一些。一定浓度的赤霉素处理有助于缓解滞留穴盘的种苗生长受阻的现象；增加根系排水空间也有利于减轻滞留穴盘的负面影响。

6. 穴盘苗的逆边际效应 穴盘苗生产中，穴盘边缘的植株生长势弱于穴盘中央植株，穴盘苗呈现中间高、四周低的现象，称“逆边际效应”（图 36）。

图 36　穴盘苗的逆边际效应

发生逆边际效应的原因主要是穴盘边缘水分散失快，常处于相对湿度较低的状态；而穴盘中间部位湿度大，后期易造成下部茎叶的徒长；同时泥炭有一旦干燥就很难再次浇透的特性，使得穴盘边缘的植株长期处于水分、肥分亏缺。解决措施如下：

（1）日常加强穴盘边缘的水肥管理，做到耐心、细致。

（2）合理配比基质，如掺入适量的蛭石、珍珠岩。

（3）改善环境条件的通风状态，比如使用穴孔之间有通风孔的穴盘。

7. 小老苗现象　表现为植株地上部生长发育延缓、矮小，茎叶生长不茂盛，植株过早开花、衰老等异常现象。造成此现象的原因一是秧苗滞留穴盘，二是在正常生长周期中基质水分及肥料的匮乏。对番茄穴盘育苗的研究表明，随着基质相对含水量的减少，植株对氮素的吸收降低，氮的源库关系发生改变，植株体内碳氮比上升，从外观上，幼苗表现生长发育延迟，过早开花。解决措施：

（1）正常生长周期内加强水肥管理，合理施肥，避免氮的缺失。

（2）生长周期结束后，及时移出穴盘，避免长期滞留。

四、花坛花卉穴盘苗冷藏技术

花坛花卉穴盘苗冷藏技术（cold storage for plug production）是近年来国外发展起来的一项穴盘苗保存技术。在穴盘苗生产中，经常遇到以下问题，此时可以考虑采用穴盘苗冷藏。

（1）气候的突然变化，如春季寒流的突然袭击，造成穴盘苗不能及时移栽或出售。

（2）温室空间稀缺，导致无法进行穴盘苗移植上盆。

（3）大量其他工作需要进行而劳力资源紧张的情况下，将穴盘苗暂时冷藏可以更好地利用劳力资源。

（4）避免同一品种的花卉种苗集中大量上市，暂时缓解销售市场的压力。

成功冷藏穴盘苗的关键是控制好基质的水分、空气湿度、光照和肥料。大多数花卉穴盘苗冷藏的条件是低温（5℃）、低光（50～100 勒克斯）和适宜的空气湿度。空气湿度过高易引发病害；过低易产生水分胁迫。冷藏前适度的氮肥供应冷藏效果最佳，过多的氮肥供应会导致冷藏期间死亡率升高。表 39 是一些常见花坛花卉穴盘苗在冷室的冷藏时间。

表 39　花坛花卉穴盘苗的贮藏温度和贮藏周期

花卉名称	贮藏温度（℃）	暗室贮藏周期（周）	加光室贮藏周期（周）
香雪球	2.5	3	5
仙客来	2.5	6	6
金盏菊	2.5	2	2
彩叶草	7.5	2	4

（续）

花卉名称	贮藏温度（℃）	暗室贮藏周期（周）	加光室贮藏周期（周）
天竺葵	2.5	4	4
三色堇	2.5	6	6
矮牵牛	2.5	6	6
四季秋海棠	5.0	6	6
球根秋海棠	5.0	3	6
大丽花	5.0	2	5
半边莲	5.0	6	6
孔雀草	5.0	3	6
万寿菊	5.0	3	5
一串红	5.0	4	6
大花藿香蓟	7.5	6	6
非洲凤仙	7.5	6	6
大花马齿苋	7.5	5	5
观赏番茄	7.5	3	3
美女樱	7.5	1	4
羽状鸡冠花	10.5	2	3
长春花	10.5	3	6
观赏辣椒	5.0	2	4
新几内亚凤仙	12.5	2	3

注：加光室光照最低54勒克斯。当没有专门的冷室进行穴盘苗冷藏而需在温室冷藏时，应尽量使温室的温度在10～15℃，光照大于26 900勒克斯。

经过冷藏的穴盘苗移栽前需在低光照、温暖（15～25℃）的环境下过渡一段时间以恢复其活力。

第三节　病虫害控制

温室适宜的温度、湿度和光照条件，为花卉幼苗的生长提供了适宜的环境；同时也为病、虫的传播、繁衍提供了最佳的场所。因而在现代化的花卉种苗生产中病虫害的控制成为管理中的重要一环。

一、农药的种类

1. 按性质分

（1）化学农药　又分为有机农药和无机农药两大类。有机农药的主要成分为有机化合物，对有害生物具有杀伤或调节其生长发育作用，如粉锈宁氨基甲酸酯类等。无机农药的主要成分为无机物包括天然矿物质在内，可直接用来杀害有害生物；如硫黄、石硫合剂、硫酸铜等。

（2）微生物农药　利用一些对有害昆虫有毒害作用的微生物加工而成的一类药剂，如苏云金杆菌、白僵菌、核多角体病毒等。

（3）植物性农药　从植物中提取有益成分而制成的药剂，如百虫杀（苦烟乳油，从烟草中提取）。

2. 按杀灭对象分

（1）杀菌剂　根据其作用方式又可分为：①保护作用杀菌剂：常用的有低浓度的石硫合剂、波尔多液、代森锌、百菌清等，一般在发病前施用，对植物起保护作用。②治疗作用杀菌剂：常用的有多菌灵、甲基托布津、粉锈宁等，一般在染病后施用。③铲除作用杀菌剂：高浓度的石硫合剂、甲醛等，一般在发病期应用有较好的效果。

（2）杀虫剂　根据杀虫剂所含的主要成分分为：①有机磷类，如乙酰甲胺磷，用于防治刺吸式、咀嚼式口器害虫和螨类。②氨基甲酸酯类，如甲萘威（25%西维因可湿性粉剂），对咀嚼式、刺吸式口器害虫有效，对螨类和介壳虫效果小。③菊酯类，如三氟氯氰菊酯（功夫乳油），对刺吸式口器害虫和螨类有效，但对螨类的使用剂量要比常规增加1～2倍。

根据杀虫剂杀灭害虫的方式，分为：①触杀作用，如杀灭菊酯。②胃毒作用，该类药剂种类很多，如除虫脲、灭幼脲等。③熏蒸作用，如敌敌畏等。

二、花坛花卉穴盘育苗常见病虫害及防治

1. 花卉病害 花卉病害是指花卉在生长发育过程中，遭受寄生物的侵染，或不良环境的影响，正常生长发育受到干扰和破坏，生理机能和内部组织结构发生一系列变化，外部形态反常，质量低劣，不能应用。按照有无传染性通常分为侵染性病害和非侵染性病害，其各自的病菌传播途径、病害症状特点及防治方法如表40所示。

表40 花卉种苗常见病害及防治

病害种类		传播途径	常见病举例	症状特点	防治方法
侵染性	侵染原				
侵染性病害	细菌性病害	土壤、雨水、昆虫、植物	细菌性根癌病、穿孔病、软腐病、叶斑病	叶片软腐、斑点、穿孔，根部肿大等	1 000毫克/千克农用链霉素或1∶1∶150倍波尔多液灌根或定期喷洒防治
	真菌性病害	风、雨水、昆虫、植物	叶斑病	发病叶片初期出现棕色、黑色、灰色小斑点，后期病斑逐渐扩大，连成一片，严重时整片叶枯死，发病部位有黑色的菌丝体和孢子出现	70%甲基托布津700～1 000倍液、5%退菌特可湿粉剂800～1 500倍液防治

（续）

病害种类		传播途径	常见病举例	症状特点	防治方法
侵染性	侵染原				
侵染性病害	真菌性病害	风、雨水、昆虫、植物	白粉病（金盏菊、百日草、瓜叶菊等）	侵染叶、茎和花。受害叶片初期出现不规则小病斑，以后症状逐渐加重，病部表面附有一层白粉状霉层，叶片和嫩梢扭曲或卷缩萎蔫，新梢生长停滞，发育不良，花朵变小，花、叶片早落	加强栽培管理，及时清除感染源。发病植株用70%甲基托布津可湿性粉剂1 000～1 200倍液或25%粉锈宁或50%苯莱特可湿性粉剂1 000～1 500倍液喷洒防治
			茎腐病	主要从茎基部危害。初期出现水渍状暗色小斑，病斑逐渐扩大呈褐色软腐，病组织缢缩下陷，最后环绕茎一周，病株倒伏死亡。病菌也可侵染叶片、叶柄，潮湿条件下病部可见白色丝状物，病斑干枯后可见棕褐色粒状菌核	培育壮苗，加强通风。基质用五氯硝基苯或多菌灵消毒，用药量5～6克/米^2；患病植株用65%敌克松600～800倍液或高锰酸钾1 200～1 500倍液喷洒防治
			根腐病	主要危害根部，初期仅个别须根感病，逐渐扩展到主根，随着腐烂程度的加重，地上部叶片出现萎蔫，症状轻时经过夜间萎蔫可以恢复，后期病害加重，根系吸水受到严重阻碍，萎蔫不能恢复。根皮变褐，与髓部分离	防止育苗环境低温高湿和光照不足。基质消毒（同茎腐病），及时防治地下虫害，40%根腐宁与80% 402乳油1 500倍液交替灌根

（续）

病害种类		传播途径	常见病举例	症状特点	防治方法
侵染性	侵染原				
侵染性病害	真菌性病害	风、雨水、昆虫、植物	猝倒病	病菌侵染幼苗茎基部，初期呈水渍状斑，后变为淡褐色至褐色，病部凹陷缢缩，迅速绕茎一周，使幼苗从基部倒伏死亡，基质湿度大时在病部及附近可见一层白色絮状菌丝体	25%甲霜灵可湿性粉剂800倍液或40%疫霜灵可湿性粉剂200～400倍液喷施
			灰霉病	可侵染叶片、茎、花等，受害部位初期呈水渍状，后期褪色萎蔫，湿度大时腐烂。发病部位可见绒毛状霉菌	65%代森锌可湿性粉剂600～1 000倍液或50%速克灵1 000～1 200倍液喷洒
			白绢病	多发生在茎基部接近土壤处，病部初期呈水渍状，不久变褐色腐烂，并产生白色绢丝状的菌丝层，严重时可见黄白色至褐色的菌核	五氯硝基苯、敌克松等药剂基质消毒，用药量5～10克/米^2；50%多菌灵或苯莱特可湿性粉剂800～1 000倍液防治
	病毒病害	刺吸式口器的昆虫、土壤线虫、真菌、种子和花粉	一串红花叶病毒病、矮牵牛花叶病、百日草花叶病	感病植株叶片主要表现为浅绿与深绿相间或鲜黄与淡绿斑驳的花叶，叶片变小且皱缩不平，质地变脆，甚至呈蕨叶状，花少，病株比正常植株矮小	70%甲基托布津1 000倍液＋45%氧化乐果1 500倍液＋40%三氯杀螨醇1 000倍液喷洒防治

（续）

病害种类		传播途径	常见病举例	症状特点	防治方法
侵染性	侵染原				
侵染性病害	线虫病	带虫卵的基质	海棠根结线虫病	主要发生在根部的须根和侧根上，病根肿起，形成不规则的瘤状物，初为白色，后变褐色至黑褐色。叶片变黄萎蔫，严重时整株死亡	溴甲烷熏棚或用1.8%阿维菌素乳油1 000倍液浇灌植物根部1～2次，间隔10～15天
非侵染性病害	营养元素的缺乏或自然因素的破坏	无	营养缺乏性失绿症日灼病	缺铁失绿、缺锌引起的小叶病等；高温下强光灼伤	及时补充营养元素，无需药物

现在市面上的药剂种类很多，一种药剂既有通用名，还有商品名。现将花卉穴盘苗病害及其常用药剂的各种名称列于表41，以便于种植者选择参考。

表41 花卉穴盘苗病害及其常用药剂

病　害	药剂常用名	药剂别名
细菌性病害	氢氧化铜	可杀得
葡萄孢菌叶枯病、茎腐病	氢氧化铜	可杀得
	百菌清	达科宁
	氯硝胺	
	代森锰锌	大生M-45
	异菌脲	扑海因
	甲基硫菌灵	甲基托布津
	甲基托布津+代森锰锌	
	乙烯菌核利	
葡萄孢菌猝倒病	代森锰锌	大生M-45
	异菌脲	扑海因
	甲基硫菌灵	甲基托布津

（续）

病　害	药剂常用名	药剂别名
镰刀菌根冠腐烂病	土菌灵＋甲基托布津	
	甲基硫菌灵	甲基托布津
叶斑病	氢氧化铜	可杀得
	百菌清	达科宁
	灭菌丹	费尔顿
	异菌脲	扑海因
	代森锰锌	大生 M-45
	甲基硫菌灵	甲基托布津
	三唑铜	粉锈宁
	乙烯菌核利	免克宁
霜霉病	代森锰锌	大生 M-45
	甲霜灵	瑞毒霉
白粉病	氯丙嘧啶醇	乐必耕
	哌丙灵	病花灵
	甲基硫菌灵	甲基托布津
	甲基托布津＋代森锰锌	
	三唑铜	
	嗪胺灵	粉锈宁
根串珠霉菌根腐	氟菌唑	特富灵
	土菌灵＋甲基托布津	
	甲基硫菌灵	甲基托布津
立枯丝核菌猝倒、根冠腐烂	土菌灵＋甲基硫菌灵	
	异菌脲	扑海因
	五氯硝基苯	土粒散
	甲基硫菌灵	甲基托布津
	氟菌唑	特富灵

（续）

病　害	药剂常用名	药剂别名
水霉菌引起的猝倒、根冠腐烂（腐霉菌和疫霉菌）	三乙膦酸铝	疫霉灵
	土菌灵	依得灵
	土菌灵＋甲基硫菌灵	
	甲霜灵	瑞毒霉

2. 花卉虫害　某些昆虫或蜘蛛纲动物所引起的花木体的破坏或死亡称为花卉虫害。根据害虫口器的种类可分为咀嚼式口器害虫和刺吸式口器害虫。其危害症状及防治方法如表 42 所示。现将目前市面上常用的杀虫剂列于表 43 中，以方便种植者选用。

表 42　花卉种苗虫害症状及防治

害虫种类	害虫名称	危害症状	防治方法
咀嚼式口器	金龟子	叶片缺损，仅留下网状叶脉	50%速灭威可湿性粉剂 500 倍液喷雾
	天幕毛虫		用黑光灯诱杀成虫，用辛硫磷、杀螟硫磷、敌百虫、西维因等药剂喷雾
	菊天牛	茎秆、果实和种子表面造成孔洞，在危害部位内部形成虫道，叶片枯萎、早落	叶片开始出现虫道时用 40%乐果乳油 1 000 倍液，或 80%敌敌畏乳油 800～1 000 倍液喷洒；成虫发生期在植株和地面喷施 90%敌百虫 1 000倍液或 25%西维因可湿性粉剂 600～800 倍液喷洒防治，每 10 天左右 1 次，共 2～3 次
	蔷薇茎蜂		卵孵化期用 25%亚胺硫磷乳油 1 000倍液喷雾，剪除受害枝条
	潜叶蝇		10%二氯苯醚菊酯乳油 2 000～3 000倍液喷雾

（续）

害虫种类	害虫名称	危害症状	防治方法
咀嚼式口器	蛴螬	取食种子、根茎、球茎等地下组织，常造成缺苗和死苗	Bt乳剂500倍液、或90%敌百虫1 000～1 500倍液或50%辛硫磷1 000倍液浇注根际
	蛞蝓		人工捕捉或在盆架周围撒施茶籽饼肥或西维因粉，或3%石灰水喷洒
	鼠妇		人工捕捉或用20%杀灭菊酯2 000倍或25%西维因200倍水溶液喷洒
	小地老虎		清除杂草，或用黑光灯、糖醋毒饵诱杀（糖：醋：酒：胃毒性农药：水约为6：3：1：1：10），也可用50%辛硫磷1 000倍液浇注根际
	蝼蛄		灯光诱杀，毒饵诱杀或用50%辛硫磷1 000倍液喷洒
刺吸式口器	介壳虫	外形不造成机械损伤，被害部位有褪色斑点，或引起组织畸形，如叶片皱缩、卷叶、虫瘿等	人工刷除，加强通风，严重时用内吸式杀虫剂（如氧化乐果、杀螟硫磷1 000倍液或西维因400倍液）每2～3周防治1次
	蓟马		40%氧化乐果或50%杀螟硫磷1 000倍液，或25%西维因可湿性粉剂400～500倍液
	烟粉虱		黄板诱杀，幼虫期用氧化乐果、杀螟硫磷、西维因；成虫期用各种合成菊酯喷洒防治
	蚜虫		黄板诱杀，一遍净1 000倍、80%敌敌畏乳油1 000倍液，或25%西维因可湿性粉剂400～600倍液喷洒防治
	螨类		及时清理枯枝残叶集中烧毁；发病期用40%三氯杀螨醇乳油1 000～1 500倍液或73%克螨特乳油1 000～1 500液喷雾

（续）

害虫种类	害虫名称	危害症状	防治方法
刺吸式口器	蕈蚊	成虫常在叶片表面造成刺状点。严重时叶片表面产生黑色煤污。幼虫在基质中活动，取食底部叶片，仅留下叶表皮形成“窗玻璃”效应	每升水加178克熟石灰搅成糊状，或用硫酸铜120克/升水溶液，喷洒苗床下进行防治，有效期3个月，但要避免药物喷溅在植物上
	沼泽蝇		

3. 化学药剂施用中的注意问题 花卉生产中，应始终贯穿“预防为主，综合防治”的原则，在此基础上，采取适当的药剂防治。

（1）花卉种类的敏感性 花卉种类不同，对农药的敏感性有差异。如非洲凤仙、矮牵牛、翠菊、羽衣甘蓝、鸡冠等对辛硫磷敏感，使用不当叶片上会产生斑点，造成“花叶”，使用时应慎重。药害的发生除与花卉种类有关外，还与苗龄有关。喷布1 000～1 200倍辛硫磷溶液后，5～7叶期（播种后34天）矮牵牛发生药害，10叶期（播种后64天）矮牵牛正常。因而，苗龄越小，对药剂的浓度和喷药量要求越严格，可酌情选择细雾喷头喷布，防止出现药害。

（2）正确用药 病虫害发生后，掌握最佳用药时机和方法，对症下药是治疗病虫害的关键。如乙膦铝（疫霜灵）、甲霜灵（瑞毒霉）对霜霉病有较好的作用效果；速克灵对灰霉病有特效；扑粉虱对白粉虱若虫有特效。粉剂药物应在早晨有露水时进行，以利粉剂的附着；而喷雾应在露水下去后进行，风大时不能喷药。防治介壳虫时在若虫孵化活动阶段用药方能起到很好的防治效果。

农药和农药间、农药和肥料间、农药与激素间同时使用或在安全间隔期内交错使用，往往会产生药害。如在使用多效唑、丁酰肼的安全间隔期内使用辛硫磷，会加重药害的发生。

另外，防治病虫害时，经常使用同一种药剂会产生抗药性，使防治效果显著降低，通过药剂的混合使用或轮换使用，可以避免抗药性的产生，增强防治效果。

（3）安全用药　这里的安全涉及植物和周边的人、畜安全。首先，对植物来说，如果药剂浓度、用药量、施用方法等掌握不准，或施用环境不适合（如高温闷热），易使植物产生药害。因而药剂施用过程中，一定要保证环境的适温、通风和适宜的光照。温度过高、湿度大、光照过强，容易产生药害。其次，还要考虑用药对环境、对周围的人、畜有无影响。尤其操作者，应该具备农药施用的基本知识，正确操作，避免中毒。

表43　观赏植物常用杀虫剂一览表

虫害	杀虫剂常用名	杀虫剂别名
蚜虫	乙酰甲胺磷	高灭磷/杀虫磷
	联苯菊酯	天王星
	恶虫威	快康
	毒死蜱	乐斯本
	氟氯氢菊酯	
	二嗪磷	地亚农
	敌敌畏	二氯松
	硫丹	赛丹
	甲氰菊酯	灭扫利
	氟胺氰戊菊酯	福化利
	三氟氯氰菊酯	功夫（菊酯）
	硫酸烟碱	
	氯菊酯	除虫精
	苄呋菊酯	灭虫菊
	除虫菊素（控制成虫）	除虫菊酯
	治螟磷	治螟灵
青虫	乙酰甲胺磷	高灭磷/杀虫磷
	恶虫威	快康
	苏云金杆菌	Bt

（续）

虫害	杀虫剂常用名	杀虫剂别名
青虫	联苯菊酯	天王星
	毒死蜱	乐斯本
	氟氯氢菊酯	
	除虫脲	伏虫脲/敌灭灵
	甲氰菊酯	灭扫利
	氟胺氰戊菊酯	福化利
	三氟氯氰菊酯	功夫（菊酯）
	氯菊酯	除虫精
	除虫菊素	除虫菊酯
	苄呋菊酯	灭虫菊
蕈蚊	苏云金杆菌 H-14	
沼泽蝇	恶虫威	快康
	毒死蜱	乐斯本
	氟氯氢菊酯（有效杀灭成虫）	
	灭蝇胺	
	二嗪磷	地亚农
	除虫脲	伏虫脲/敌灭灵
	苯氧威	双氧威
	烯虫炔酯	
	除虫菊素	除虫菊酯
	苄呋菊酯	灭虫菊
潜叶蝇	阿维菌素	齐螨素
	敌敌畏	二氯松
	二嗪磷	
	毒死蜱	
	三氟氯氰菊酯	
	氯菊酯	

（续）

虫害	杀虫剂常用名	杀虫剂别名
蜗牛/蛞蝓	四聚乙醛	蜗牛散/蜗牛敌
	甲硫威	灭梭威/灭虫威
蓟马	阿维菌素	
	乙酰甲胺磷	
	恶虫威治螟磷等	快康
粉虱	乙酰甲胺磷	
	联苯菊酯	
	硫丹	
	三氟氯氰菊酯	
	苄呋菊酯等	

三、生物防治

化学药剂施用后会对植物、人、土壤及环境产生危害。近年来，环保意识的加强和“环境友好型社会”理念的提出使得生物防治技术越来越受欢迎。生物防治是利用生物或它的代谢产物来控制虫害、病害、草害或减轻其危害程度的方法。其最大特点是无残毒、不污染环境。荷兰在过去的十几年内，由于生物防治的应用，温室生产中农药的使用量已降低了80%。我国20世纪30年代已开始进行农业害虫的生物防治技术研究。

21世纪农业生产中生物防治的方式概括起来主要有以下几种：

1. 保护和利用自然天敌控制害虫发生　保护和利用自然天敌抑制有害生物成灾，是病虫害综合防治的基本措施。

2. 优势种天敌人工大量繁殖释放治虫　天敌商品化生产的基本条件之一，是天敌的人工或机械化大量繁殖技术。近年来，我国在寄生性和捕食性天敌的研究上已取得可喜成就，这些天敌主要有赤眼蜂、平腹小蜂、瓢虫、草蛉、捕食螨等。

3. 生物农药治虫　生物农药有以下三种：①微生物农药，包括细菌、真菌、病毒和原生动物等制剂。如用野杆菌放射菌株 84 防治细菌性根癌病。②农用抗生素，是微生物新陈代谢过程中产生的活性物质，具有治病杀虫的功效。农用抗生素分为农抗杀虫剂、农抗杀菌剂和农抗除草剂。③生化农药（又名特异性农药），是指那些自然界存在的生物化学物质，经人工合成或从自然界的生物源中分离或派生出来的化合物，如昆虫信息素、昆虫生长调节剂等。用印楝素·苦参乳油 1 500～2 000 倍防治菜青虫，用 1.2%苦烟乳油防治蚜虫、红蜘蛛等，都有很好的效果。

未来温室花卉的种苗生产，应加强虫害发生的检测预报工作，始终贯穿“预防为主，综合防治”的原则。育苗用的基质使用前最好消毒，以杀死其中的虫卵，切断虫害来源。加强温室内部及周边环境管理，及时清除杂草和病、残枝。温室通风口、门口等应设置防虫网，减少外部害虫的侵入。积极合理地利用天敌、生物农药来防治虫害，逐步建立起预防和生态防治为主、化学药剂防治为辅的环境友好型虫害防治系统。

第四节　穴盘苗的包装和运输

一、穴盘苗的包装

穴盘育苗末期，种植者就要有意识地对已达到种植或销售规格的穴盘苗进行适当的“炼苗”了。炼苗的目的是增强幼苗对环境的适应能力，以提高其对后续的种植环境或者运输环境的适应性。

目前花卉种苗的包装，一般采取纸质种苗专用包装箱，然后再进行运输。包装箱箱外有“种苗专用箱”和向上放置“↑”的标识，内部采取纸板分层式放置（图 37），一般放置 4 个或 6 个穴盘，避免苗盘间互相挤压。纸板经过特殊的防潮处理，避免因内部湿度过大，纸板受潮软化而造成损失。

装箱时须注意：一是基质的湿度要适宜，在 60%～80%，不可过干和过湿；二是注意箱体的朝向，使种苗形态学向上；三是在穴盘的短边贴上标签，内容包括品种名、系列、花色，以防止品种混淆。装好后用胶带封口。

图37　穴盘苗的包装

二、穴盘苗的运输

运输时可选择陆运、海运或空运。陆运常采用火车和厢式货运汽车（图38）。运输适宜温度15～25℃。常温运输时间不宜超过24～48小时。需要注意的是，在炎热的夏季，远途运输的，需将包装好的种苗放置在16℃的环境中预冷4小时后再装车发苗，运输车应有通风降温设施；或在箱体上打眼以利通风。寒冷的冬季，运输车应有良好的保温系统，以防止运输过程中造成植物冻害。种苗抵达目的地后，应立即打开包装，将种苗取出后放置于阴凉通风处，必要时需叶面喷水使其恢复正常的伸展状态，并尽快安排种植。

图38　穴盘苗的厢式货运

第六章 花坛花卉穴盘苗生产技术

第一节 一、二年生类

苘麻 *Abutilon roseum*

科属 锦葵科苘麻属一年生草本。

习性 喜光，也耐半阴。播种繁殖，种子300粒/克。

穴盘育苗

初始基质：pH5.5～6.5，EC低于0.75毫西/厘米。

覆盖：播种后用粗粒蛭石轻微覆盖。

温度：发芽时22～26℃，幼苗生长温度15～21℃，低于15℃会造成生长停滞。高于30℃引起盲花。

光照：发芽不需光，发芽后温度适合时可尽量保持较高的光照强度。补光可提前开花。

发芽天数：3～5天。

育苗周期：5～7周。

播种到开花：13～16周。

肥水管理 Ⅱ期以后两次浇水间应使基质有一轻微干燥的过程。子叶展开后交替施用20-10-20铵态氮肥和14-0-14的硝态氮肥，浓度从50毫克/千克逐渐上升到200毫克/千克。

生长调节 必要时喷施3毫克/千克的多效唑控制株高。

病虫害防治 常见的病害为灰霉病、茎腐病、根腐病。为防止茎腐病、根腐病的发生，旧基质使用前应用多菌灵或五氯硝基苯消毒，每平方米用药 5～6 克。茎腐病发生时喷施 65% 敌克松600～800 倍液或高锰酸钾 1 000～1 500 倍液防治；根腐病发病时用 50% 代森锰锌喷洒根部。灰霉病可用速克灵 1 000～1 200 倍液喷洒防治。常见的虫害为蚜虫、白粉虱等，防治时注意茼麻对一些溶剂含碳水化合物的杀虫剂敏感，使用时需慎重。

藿香蓟 *Ageratum conyzoides*

科属　菊科藿香蓟属多年生草本，作一年生栽培。

习性　性喜光，耐半阴，不耐寒，遇酷热生长缓慢，适应性较强。种子繁殖，7 000 粒/克。

穴盘育苗

初始基质：pH5.5～6.2，EC 0.5～0.75 毫西/厘米。

覆盖：不覆盖或用蛭石轻微覆盖。

温度：发芽阶段 22～25℃，Ⅱ、Ⅲ阶段生长温度 18～24℃，炼苗阶段 15～18℃。

湿度：发芽阶段维持较高的空气湿度，相对空气湿度 95%～97%。发芽后逐渐降低。

光照：发芽阶段不需光照。

发芽天数：3～4 天。

育苗周期：5～6 周（288 目穴盘）。

播种到开花：11～13 周。

肥水管理　从Ⅱ阶段开始施用氮浓度为 50 毫克/千克的硝态氮全元素复合肥，如 14－0－14 等，后期氮的浓度逐渐上升到 100 毫克/千克。藿香蓟对盐分敏感，EC 过高会使植株烧叶。基质也不要过干，否则易引发黄叶、落叶。

生长调节　一般不需要使用生长调节剂，必要时使用丁酰肼 1 000～2000 毫克/千克可使株型紧凑、改善叶色。

病虫害防治　注意防治白粉虱、蓟马、蚜虫（药剂防治参见第五章第三节）。

莲子草 *Alternanthera dentata*

科属　苋科莲子草属一年生草本。

习性　具有较强的耐热性和迅速生长的能力。喜全光，也耐半阴。在全日照下叶片颜色更深。播种繁殖。种子614粒/克。

图39　莲子草穴盘苗单株

穴盘育苗（图39）

初始基质：pH5.5～6.3，EC小于0.75毫西/厘米。

覆盖：播种后用蛭石轻微覆盖。

温度：发芽阶段22～24℃，幼苗生长阶段18～22℃。

光照：发芽阶段光照对整齐一致的萌发有效；发芽后光照10 000～30 000勒克斯；育苗阶段后期在温度可以控制的情况下光照可以达到54 000勒克斯。温度适宜时较强的光照利于叶片颜色加深。

湿度：胚根出现前保持基质高湿，胚根穿透基质后逐渐降低基质湿度。空气湿度95%直到子叶出现。

发芽天数：3～5天。

育苗周期：4～5周。

播种到出售：8～10周。

肥水管理　胚根出现后开始施用50～75毫克/千克的15-0-15，子叶展开后提高到100～150毫克/千克。

生长调节　育苗中一般不需要施用生长调节剂。

病虫害防治　无严重的病虫害。

香雪球 *Alyssum maritimum*

科属　十字花科庭荠属一、二年生草本。

习性　喜冷凉和日照充足，不耐酷热及潮湿的气候。一般作秋播花卉。在排水良好的微碱性土壤上生长良好。种子 3 150 粒/克。

穴盘育苗（图 40）

初始基质：pH5.5～6.0，EC 小于 0.75 毫西/厘米。

覆盖：集束丸粒化种子播种后用蛭石覆盖，保证充足的湿度促使包衣溶解。

温度：发芽阶段 21～24℃，Ⅱ、Ⅲ阶段生长温度 16～24℃，Ⅳ阶段夜温 13～15℃，昼温 15～24℃。

湿度：子叶出现前保持空气湿度 95%～97%。子叶出现后降低空气湿度以避免病害的发生。

图 40　香雪球穴盘苗单株

光照：发芽阶段照光利于种子萌发；子叶展开后光照提高到 27 000 勒克斯。炼苗阶段在温度能够保持在适宜水平的情况下光照可增加到 54 000 勒克斯。

发芽天数：3～4 天。

育苗周期：3～4 周（200 穴）；5～6 周（128 穴）。

播种到盆花出售：8～10 周。

肥水管理　对铵态氮敏感，子叶完全展开后施用 50～75 毫克/千克的硝态氮肥，如 14－0－14、硝酸钾、硝酸钙等。以后逐渐上升到 100～150 毫克/千克。基质水分保持见干见湿，但不要使基质过干以防植株永久萎蔫。

生长调节　一般不需要生长调节剂，可利用负的昼夜温差控制高度。

病虫害防治　注意白粉虱和白粉病的危害。

冠状银莲花 *Anemone coronaria*

科属　毛茛科银莲花属多年生草本，作一、二年生栽培。

习性　喜凉爽，忌炎热，要求阳光充足，喜腐殖质丰富的稍黏性土壤，具一定耐寒性，华北地区露地栽植需覆盖过冬。可播种繁殖。种子1 850粒/克。

穴盘育苗

初始基质：pH5.5～5.8，EC小于0.75毫西/厘米。

覆盖：播种后用粗粒蛭石覆盖。

温度：发芽温度18～20℃，Ⅱ、Ⅲ阶段生长温度18～21℃，Ⅳ阶段15～18℃。

光照：发芽不需光照。发芽后光照逐渐在增强。

发芽天数：10～14天。

育苗周期：8周（392目穴盘）。

播种到开花：20周。

肥水管理 从第Ⅱ阶段开始每周施用2次50毫克/千克的氮肥，建议14-0-14和20-10-20交替使用。Ⅲ阶段以后氮的浓度逐渐提高到100毫克/千克。一旦幼苗生根每周施1次200毫克/千克的含钙镁的氮肥，或与硝酸钙交替施用。对铵态氮敏感。

生长调节 可以使用2～4毫克/千克的多效唑灌根以调整株型。

病虫害防治 主要虫害为蚜虫、蓟马及地老虎。尤其要及时防治虫害（尤其蓟马）以防传播病毒病。因银莲花喜凉爽的环境，育苗周期又相对较长，因而银莲花最易感染灰霉病、霜霉病和根腐病，要加强基质和环境的湿度控制，以减少病害的发生。灰霉病、霜霉病发病初期，喷施75%百菌清、64%杀毒矾或65%的代森锰锌可湿性粉剂600～1 000倍液，病情严重时可增加施药次数及药剂浓度，对发病严重的植株及时清除。

香彩雀 *Angelonia angustifolia*

科属 玄参科香彩雀属多年生草本，北方常作一年生栽培。

习性 喜温暖，耐一定高温，不耐高湿。喜光，可播种繁殖，丸粒化种子1 000粒/克。

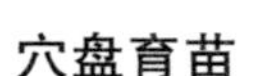

穴盘育苗

初始基质：pH5.5～6.0，EC 0.75～0.80 毫西/厘米。

覆盖：播种后种子不需覆盖。

温度：发芽阶段 22～25℃，生长阶段 18～26℃。

湿度：发芽阶段空气湿度保持在 90%～95%。子叶完全展开后逐渐降低到 60%～75%。

光照：发芽阶段光照 100～1 000 勒克斯，子叶展开后光照逐渐提高到 10 000～2 5 000勒克斯。炼苗阶段可提高到 30 000～50 000勒克斯。

发芽天数：4～5 天。

育苗周期：5～6 周（288 目）。

播种到开花：14～16 周。

肥水管理　胚根露出前基质保持 80%～85%的湿度，一旦子叶露出就要逐渐降低基质湿度。后期应使基质每次浇水前有轻微干燥的过程，但应避免严重缺水，防止幼苗受旱后不易恢复。第Ⅱ阶段开始施入 50～75 毫克/千克氮肥，后期逐渐将氮的浓度提高到 150 毫克/千克。硝态氮和铵态氮交替施用。

生长调节　可用丁酰肼 3 000～5 000 毫克/千克控制株高。

病虫害防治　没有严重的病虫害。

金鱼草 *Antirrhinum majus*

科属　玄参科金鱼草属多年生草本，作一、二年生栽培。

习性　性喜凉爽，不耐高温（以夜温不超过 13℃为宜），有一定的耐寒能力。种子 6 300 粒/克。

穴盘育苗

初始基质：pH5.5～5.8，EC 小于 0.75 毫西/厘米。

覆盖：播种后种子不覆盖。

温度：发芽阶段 20～24℃，生长温度 18～21℃，炼苗阶段 17～18℃。

光照：胚根出现前不需要照光。

发芽天数：6～10天。

育苗周期：5～6周。

播种到开花：10～12周。

肥水管理 水质碱度60～100毫克/千克。前期对水分比较敏感，基质必须保持湿润；子叶出现后降低基质湿度。浇水最好在上午进行，避免叶片在潮湿的状态下过夜。对铵态氮敏感，发芽阶段要求基质中铵态氮浓度低于5毫克/千克。第Ⅱ阶段开始施用50～75毫克/千克的14-0-14或硝酸钙、硝酸钾，后期浓度100～150毫克/千克。第Ⅲ阶段补施1～2次硝酸镁或硫酸镁，此阶段尽量将基质中钾∶钙∶镁的比例维持在3∶2∶1，镁、铁、钙等缺乏易造成整株叶片发黄。

生长调节 控制温度、水分以控制徒长，必要时用丁酰肼（500～1 000毫克/千克）、环丙嘧啶醇（10毫克/千克）、烯效唑控制植株高度。

病虫害防治 苗期发生立枯病，可用65%代森锌可湿性粉剂600～1 000倍液喷洒；叶枯病和炭疽病可用50%退菌特可湿性粉剂800倍液喷洒。虫害有蚜虫、夜蛾危害，可用40%氧化乐果乳油1 000倍液喷杀。其他防治参见第五章第三节。

耧斗菜 *Aquilegia vulgaris*

科属 毛茛科耧斗菜属宿根草本，作一、二年生栽培。

习性 耐寒，可耐－25℃的低温，喜半阴环境。可播种繁殖，种子600～1 000粒/克。

穴盘育苗（图41）

初始基质：pH5.5～6.2，EC小于0.75毫西/厘米。

覆盖：播种后种子用蛭石覆盖。

温度：发芽阶段20～25℃，温度低于20℃，发芽时间延长。生长阶段蓝花耧斗菜、杂交耧斗菜15～20℃，扇形耧斗菜16～18℃。

光照：发芽阶段不需光。Ⅱ期后逐渐增加光照强度。避免光照过强，充足的日照下要部分遮阴。长日性植物，14 小时的光照可提前开花。

发芽天数：21～28 天。

育苗周期：14～18 周。

播种到开花：26～32 周。

肥水管理　胚根露出前需要介质的湿度接近饱和。胚根一旦露出降低介质的湿度。发芽阶段对高盐、尤其是高浓度的铵态氮敏感，铵的浓度应低于 10 毫克/千克。子叶展开后开始施用 50～75 毫克/千克的硝态氮肥如 14－0－14 或硝酸钾、硝酸镁，逐渐上升到 150 毫克/千克，20－10－20 和 14－0－14 交替施用。尽量减少铵态氮肥施用次数。育苗期中（萌芽 5～6 周后）可进行一次稍大孔的穴盘移植。

图 41　耧斗菜穴盘苗单株

生长调节　适当的低温可控制株高并促进开花，必要时可用 3 000～5 000 毫克/千克的丁酰肼对株高进行控制，也可用环丙嘧啶醇、矮壮素来控制。

病虫害防治　虫害主要是潜叶蝇；病害主要是茎腐病、立枯病。防治参见第五章第三节。

四季秋海棠 *Begonia semperflorens*

科属　秋海棠科秋海棠属多年生常绿草本，北方常作一、二年生栽培。

习性　喜温暖、湿润气候，在全光照及半阴下均可生长。要求土壤排水良好。抗旱、忌涝，抗热。播种繁殖。种子 70 000～90 000粒/克。

穴盘育苗（图 42）

初始基质 pH：5.5～5.8，EC 小于 0.75 毫西/厘米。

覆盖：播种后种子不覆盖。

温度：发芽阶段 20～25℃，穴盘苗生长温度 20～22℃。

湿度：胚根突破种皮直到第一片真叶最大长度达 0.5 厘米，基质保持高的湿度 95%～100%，之后基质湿度可逐渐降低。胚根突破种皮前空气湿度 90%～100%，之后逐渐降低到 80%，炼苗阶段维持在 60% 左右。

图 42　四季秋海棠穴盘苗单株

光照：发芽阶段 108～2 000 勒克斯的照光可促进萌发。子叶展开后光照提高到 16 000～20 000 勒克斯，在温度控制在适宜范围的情况下，光照最高可达 26000 勒克斯。

发芽天数：6～8 天。

育苗周期：10～12 周（200 目穴盘）。

播种到开花：14～18 周。

肥水管理　保持较高的空气湿度和基质湿度是生产成功的关键，高湿持续到第一片真叶最大长度 0.5 厘米大小；此期任何一次缺水都会导致成苗率下降。四季秋海棠穴盘育苗周期较长。一旦子叶展开即可施第一次肥，氮的浓度为 50～75 毫克/千克，每周 2 次。应至少 2 种以上氮肥交替施用，如 20－10－20 和 14－0－14，铵态氮促发茎叶，硝态氮利于根系的发育及株型紧凑、粗壮。后期氮的浓度可提高到 150 毫克/千克。Ⅲ阶段开始控制水分，每次浇水前让基质有一充分的干湿循环。

生长调节　通过肥料和调节昼夜温差控制株型。不需要施用生长调节剂。对多效唑敏感，避免喷溅到植株上。

病虫害防治

非侵染性病害：缺钾时易引发叶缘干枯，有斑点；低温时施铵态氮易造成铵中毒，症状是叶厚（尤其新叶）、皱缩、浓绿、脆嫩；

高温强光易造成日灼病，叶（尤其上位叶）缘焦枯、上卷，叶片不平展。

侵染性病害：主要有细菌性叶斑病、真菌性叶斑病、灰霉病、茎腐病、根结线虫病和软腐病。高温高湿、连续阴雨时易发生细菌性叶斑病；昼夜温差大、冷凉、平均温度15℃左右时易发生灰霉病；温度20～24℃、环境湿度大、基质含水量多时易发生茎腐病；高温多湿、基质疏松而潮湿时易发生根结线虫病。前五种病害的症状及防治方法参见第五章第三节。软腐病多在茎基部接近地表处侵入，初期茎基部呈水渍状，以后逐渐扩展，组织软腐黏滑，有时伴有恶臭，叶片或植株萎蔫死亡。软腐病可通过穴盘和基质消毒、减少机械伤口、控制湿度、增加光照等措施预防，发病初期可用农用链霉素、新植霉素灌根控制病害蔓延。

虫害：主要有烟粉虱、螨类、蚊蝇等。症状及防治方法参见第五章第三节。

常见问题　四季秋海棠穴盘育苗周期较长，较高的湿度、长期的光照不足和酸性基质条件极易造成基质表面产生一层青苔，苔藓发生严重时影响根系的水分、氧气和肥料的吸收，降低成苗率，使正常的育苗周期延长。可通过以下措施解决：①选择合适的基质配比，如泥炭与蛭石按3∶1或2∶1的比例混合。②Ⅲ阶段第一片真叶达到0.5厘米之前大小保持适宜的温度（18～25℃）、湿度和其他环境条件，尽量缩短该育苗阶段的时间；增加育苗环境的空气流通和光照。③采用膜处理技术清除灌溉水中的苔藓。④适当提高基质的pH。

球根秋海棠 *Begonia tuberhybrida*

科属　秋海棠科秋海棠属多年生常绿草本，作一、二年生栽培。

习性　喜温暖、湿润气候，在半阴下生长良好。喜疏松、肥沃、微酸性的土壤。抗旱、忌涝，不耐寒、怕热。可播种繁殖。种子约70 000粒/克。

穴盘育苗

初始基质：pH5.5～5.8，EC小于0.75毫西/厘米。

覆盖：播种后种子不覆盖。

温度：发芽阶段24～26℃，生长阶段温度维持在19～22℃，炼苗期下降到16～17℃。

湿度：发芽阶段基质含水量近于饱和，高湿状态持续到第一片真叶充分展开。

光照：发芽阶段1 000～4 000勒克斯的光照利于种子萌发。真叶生长阶段光照控制在25 000勒克斯之下，光照过强，会延迟幼苗的生长。Ⅲ阶段第一片真叶充分展开后疝气灯（HID）补光或500勒克斯的暗中断可阻止球茎的形成。Ⅳ阶段光照强度可提高到25 000勒克斯及以上。

发芽天数：10～15天。

生长温度：15～30℃。

育苗周期：10～12周。

播种到开花：22～26周。

肥水管理 发芽Ⅰ、Ⅱ阶段要求基质均匀潮湿，接近饱和，此期任何一次的基质干燥均会导致球根秋海棠生长停滞。发芽期间对高盐、尤其是高含量的铵态氮敏感，保持铵离子的浓度低于10毫克/千克。Ⅱ阶段子叶展开后开始1周施1次14-0-14或硝酸钾、硝酸钙等硝态氮肥，和清水交替进行，氮浓度为50～75毫克/千克。Ⅲ阶段第一片真叶充分展开后开始控制基质的水分含量，允许基质在下次浇水前干燥。施肥浓度提高到100～150毫克/千克，根据植株长势必要时1周施肥2次，20-10-20和14-0-14或其他硝酸钙、硝酸镁等交替进行。水的pH要调整到5.5～6.5（微酸性）为好。避免过度潮湿，否则会阻碍茎叶生长和引起块茎腐烂。

生长调节 尽量利用昼夜温差控制株高。在高温、光照不足条件下，易造成植株徒长，对多效唑敏感，可用丁酰肼或200～250毫克/千克的矮壮素进行定期（7～10天）喷洒。

病虫害防治 高温多湿、通风不好的环境下常发生茎腐病和根腐病，应控制室温和浇水量。可定期用多菌灵可湿性粉剂 1 000 倍液或苯菌灵 1 000 倍液浇灌。球根秋海棠容易受蚜虫、卷叶蛾幼虫和蓟马等的危害。蚜虫可用一遍净 800～1 000 倍液或百虫杀（苦烟乳油）800～1 000 倍液喷洒防治。蓟马可用 4 000 倍高锰酸钾进行喷杀。介壳虫可用 40%氧化乐果乳油 1 000 倍液喷杀。其他药剂应用参见第五章第三节。

雏菊 *Bellis perennis*

科属　菊科雏菊属多年生草本，作二年生栽培。

习性　喜冬季温和、夏季凉爽的气候，较耐寒，喜肥沃、湿润而排水良好的土壤，不耐水湿。最低越冬温度 3～4℃，重瓣大花品种的耐寒力较差。全日照或部分遮阴。播种繁殖。种子 4 900 粒/克。

穴盘育苗

初始基质：pH5.8～6.2，EC 小于 0.75 毫西/厘米。

覆盖：用蛭石或细沙中等覆盖。

温度：发芽阶段 18～20℃，生长到第Ⅲ、Ⅳ阶段 15～18℃。

湿度：Ⅰ阶段空气湿度 95%。

光照：发芽期不需要照光。

发芽天数：7～14 天。

育苗周期：6～8 周（200 目）。

播种到开花：16～18 周。

肥水管理　从Ⅱ阶段开始，逐渐降低土壤的湿润程度。子叶展开后开始施用氮浓度为 50 毫克/千克的肥料。后期施肥浓度可增加到 150～200 毫克/千克。根系对基质中过高的盐含量十分敏感。避免铵过量和氮浓度过高。

生长调节　尽可能保持凉爽的栽培环境，控制水分和选择适宜的肥料种类有助于植株的株型紧凑。必要时用丁酰肼进行株型控制。

病虫害防治　雏菊的主要病害有苗期猝倒病、灰霉病、褐斑病、炭疽病、霜霉病（可用多菌灵 800～1 000 倍液，速克灵 1 000～1 200 倍液喷洒防治）；虫害有蚜虫等，可参照第五章第三节进行防治。

羽衣甘蓝 *Brassica oleracea* var. *acephala*

科属 十字花科芸薹属（芥属）二年生草本。

习性 喜冷凉，喜空气湿润，适宜生长在有阳光、排水良好的碱性土壤中。播种繁殖。种子 250～400 粒/克。

穴盘育苗

初始基质：pH5.5～6.8，EC 小于 0.75 毫西/厘米。

覆盖：播种后种子需覆盖。

温度：发芽阶段 20～25℃，生长适温 18～20℃。幼苗经过炼苗可忍受 5℃的低温。

光照：发芽阶段不需补光，子叶出现后光照 1 000～2 000 勒克斯，之后逐渐提高到 15 000～20 000 勒克斯，在温度适宜的条件下增加光照可使叶色更鲜艳。

发芽天数：3 天。

育苗周期：5～6 周（200 目）。

肥水管理 形成叶片的最佳温度在 10℃以下。子叶形成后开始施用 50～75 毫克/千克的氮肥。后期氮浓度提高到 100～150 毫克/千克。增施 0.1%～0.2%的磷钾肥可加深叶色。

生长调节 一般情况下不需施用生长调节剂，但施用适当浓度的多效唑可增进叶片着色，改善株型，并增强幼苗对害虫（如菜青虫等）的抗性。

病虫害防治 苗期易患猝倒病、根腐病，可参照第五章第三节防治。易受蚜虫、菜青虫危害，可用吡虫啉 1 000～1 200 倍液、百虫杀（苦烟乳油）1 000～1 500 倍液喷洒防治。

金盏菊 *Calendula officinalis*

科属 菊科金盏菊属一、二年生草本。

习性 喜阳光，不耐阴，好凉爽，怕酷热和潮湿，有一定的耐寒能力，幼苗可耐－9℃的低温。耐瘠薄土壤和干旱，播种繁殖。种子约 110 粒/克。

穴盘育苗

初始基质：适宜 pH6.5～7.5，EC 0.5～0.75 毫西/厘米。

温度：发芽阶段 20～24℃，生长适温 7～20℃。

湿度：发芽阶段基质湿度 60%～70%。基质过湿幼苗易患病害。

发芽天数：5～7 天。

光照：发芽嫌光，播种后种子用蛭石覆盖。

育苗周期：3～4 周。

播种到开花：8～12 周。

肥水管理 子叶展开后开始施用 20－10－20 的肥料，氮浓度为 50～75 毫克/千克。金盏菊生长对缺钾比较敏感，营养液中钾浓度为 400 毫克/千克时，最适宜金盏菊的生长发育。金盏菊种苗可在 1.1～4.4℃和每天 14 小时光照条件下进行冷藏，贮存期 15 天。

生长调节 可用 4 000 毫克/千克丁酰肼控制植株高度。

病虫害防治 常发生猝倒病、霜霉病和细菌性芽枯病危害，后者可用百菌清 800～1 000 倍或可杀得 500～800 倍喷洒防治；还易遭受红蜘蛛和蚜虫危害。防治参见第五章第三节。

翠菊 *Callistephus chinensis*

科属 菊科翠菊属一年生草本。

习性 喜温暖、光照充足，要求土壤排水良好。不耐旱，忌高温高湿。播种繁殖。种子 420 粒/克。

穴盘育苗

初始基质：pH6.0～6.5，EC 小于 0.75 毫西/厘米。

覆盖：播种后用粗蛭石覆盖。

温度：发芽阶段 20～21℃，生长阶段温度 15～25℃。

湿度：基质湿度 60%～70%。

光照：发芽期对光照无特殊要求，子叶出现后逐渐增加光照。长日性植物，低温、短日照条件会形成莲座化。

发芽天数：8～10 天。

育苗周期：4～6 周。

播种到开花：16～18 周。

肥水管理 子叶充分展开后开始施用 50～75 毫克/千克的硝态氮肥，后期浓度逐渐上升到 120～150 毫克/千克。尽量两种不同的硝态氮肥交替施用。对铵态氮敏感。后期喷施 1～2 次 250 毫克/千克的镁及螯合铁肥，可防止叶片出现间歇失绿、黄化。

生长调节 育苗期光照不足，徒长严重。必要时可用丁酰肼或多效唑进行株高控制。

病虫害防治 易染病虫害。翠菊黄化病是由病毒感染引起的，发病植株叶片发黄，部分或全部叶畸形。植株停止生长，花朵无法正常开放。这种病害可由叶蝉（浮尘子）进行传播。应在温室外加防虫网进行防治。另外，基质消毒不严或重茬种植翠菊，易感染镰刀菌萎蔫病，近地表处变褐溃烂。锈病，可用 120～160 倍等量式波尔多液或 250～300 倍敌锈钠液防治。立枯病，可用 100 倍福尔马林进行土壤消毒。易受红蜘蛛危害，可喷施 1 500 倍乐果防治。对辛硫磷比较敏感，防治虫害时需注意。

美人蕉 *Canna indica*

科属 美人蕉科美人蕉属多年生草本，作一、二年生栽培。

习性 喜温暖炎热气候，喜光照充足，喜在排水良好的地方生长。有一定耐寒力。可播种繁殖。种皮坚硬，播种前温水浸泡 24 小时或将种皮刻伤可促进种子萌发。

穴盘育苗（图 43）

初始基质：pH5.5～6.0，EC 小于 1.0 毫西/厘米。

覆盖：播种后需要覆盖。

温度：发芽阶段 22～24℃，幼苗生长温度 18～30℃。

湿度：发芽阶段保持基质中等湿润，含水量 80%左右。

光照：发芽阶段不需补光。

发芽天数：6～8 天。

育苗周期：3～4 周（128 目）。

播种到开花：12～14 周。

肥水管理　子叶展开后开始喷施 50～75 毫克/千克的氮肥，后期生长迅速，应适当提高肥水浓度。

生长调节　一般不需使用生长调节剂。

图 43　美人蕉穴盘苗单株

病虫害防治　美人蕉花叶病是由黄瓜花叶病毒（CMV）引起，传播的途径主要是蚜虫和汁液接触传染。锈病由真菌中的一种柄锈菌感染引起。防治参见第五章第三节。

观赏辣椒 *Capsicum frutescens*

科属　茄科辣椒属一年生草本。

习性　喜温暖、喜光。生长温度不能低于 7℃。播种繁殖。种子 285 粒/克。

穴盘育苗

初始基质：pH5.5～5.8，EC 小于 0.5 毫西/厘米。EC 过高，常造成出苗不齐。

覆盖：播后用蛭石轻微覆盖。

温度：发芽阶段 22～24℃，生长阶段 20～26℃。温度过低，长势弱，低位叶易变黄。

光照：发芽阶段不需照光，子叶出现后光强逐渐提高到 10 000～25 000 勒克斯。后期 40 000～50 000 勒克斯。

发芽天数：4～7 天。

育苗周期：4～5 周。

上盆到可以出售：16～20 周（春季生产）。

肥水管理 子叶展开即可施 50～75 毫克/千克的 14－0－14 或其他硝态氮肥。对铵态氮敏感。注意观赏辣椒对基质中的铵敏感，基质中铵离子浓度不能高于 10 毫克/千克，应尽量减少铵类化肥的施用量。后期氮的浓度提高到 100～150 毫克/千克。为防止基质 EC 过高（小于 0.75 毫西/厘米），施肥与浇水交替进行。

病虫害防治 主要病害有灰霉病和白粉病等；虫害有蚜虫、螨类和白粉虱等。防治参见第五章第三节。

长春花 *Catharanthus roseus*

科属 夹竹桃科长春花属多年生草本，作一年生栽培。

习性 喜高温、干燥和空气流通的环境气候，能耐 38℃以上的高温，在低温和潮湿的环境中易生病害。可播种繁殖，种子 430～850 粒/克。

穴盘育苗

初始基质：pH5.8～6.0，EC0.75 毫西/厘米。

覆盖：播种后用粗蛭石厚盖，否则影响根系向下生长。

温度：发芽温度 24～26℃，生长温度 20～30℃。

湿度：发芽期间基质和空气湿度 95%。子叶展开后逐渐降低基质湿度以利于根系向下生长。

光照：发芽需黑暗条件，发芽后光照强度 27 000 勒克斯以下，炼苗阶段在温度可以控制的情况下光照可以维持在 54 000 勒克斯以下。

发芽天数：7～15 天。

育苗周期：6～7 周（392 穴盘）。

播种到开花：13～15 周。

肥水管理 Ⅱ阶段开始施用 50～100 毫克/千克氮肥，在保证基质温度 18℃以上的情况下铵态氮与硝态氮交替施用。真叶展开后氮浓度提高到 100～150 毫克/千克。基质 EC 过高（大于 1.5 毫西/厘米）、铵含量过高（铵离子浓度大于 10 毫克/千克）都可能使移植后根系生长缓慢。第一对真叶展开后应注意控制基质湿度，以减轻病害的发生。

生长调节　一般不需使用生长调节剂。必要时可施用丁酰肼（2 500～3 750 毫克/千克）或烯效唑（2～10 毫克/千克）控制节间伸长和调节植株色泽，增加植株枝叶硬度。对多效唑敏感，易使叶片产生黑色斑点。

病虫害防治　高温、高湿、基质过干后过湿易染炭疽病，发病初期及时摘除病叶烧毁，并用50%多菌灵可湿性粉剂或甲基托布津1000倍液防治。易患叶斑病，在叶片边缘、叶尖产生斑点。湿度大、长期通风不良，易患茎腐病、根腐病、灰霉病。虫害为蚜虫和蓟马。防治参见第五章第三节。

常见问题　①叶缘上卷说明Ⅱ、Ⅲ阶段的基质太干或光照过强。②叶缘下卷说明温度过低或逆温差太大。③叶片发黄可能是基质温度太低、根系患病、基质温度过低造成肥料吸收困难或基质pH高于6.0造成缺铁。

鸡冠花 *Celosia cristata*

科属　苋科青葙属一年生草本。

习性　喜炎热、阳光充足而干燥的环境，不耐寒，不耐阴。在疏松、肥沃的沙壤土上生长良好。喜水分充足，怕旱忌涝。播种繁殖。种子 750～1 000 粒/克。

穴盘育苗（图 44）

初始基质：pH5.8～6.2，EC 0.75 毫西/厘米。

覆盖：播种后用蛭石轻微覆盖。

温度：发芽阶段 20～22℃，生长温度 20～25℃。

图 44　鸡冠花穴盘苗单株

湿度：Ⅰ阶段空气湿度为 95%～

97%。基质湿度Ⅰ、Ⅱ阶段保持90%～95%。

光照：发芽阶段需要光照。子叶展开后光照强度低于27 000勒克斯。光照过强易使鸡冠花早熟。Ⅳ阶段光照可以提高到50 000勒克斯。

发芽天数：3～4天。

育苗周期：4～5周（200穴）。

播种到开花：12～16周。

肥水管理 子叶充分展开后叶面喷施50～75毫克/千克的20-10-20或14-0-14，真叶充分展开后氮浓度可提高到150毫克/千克。中度喜肥，氮肥供应不足、基质干旱、光照过强或根系伤害、滞留穴盘等都易导致植株在穴盘中开花形成“小老苗”。可以通过以下措施防止：①保持基质适宜的水分，不要让基质过干。②使用一些铵态氮。③避免光照过强（大于27 000勒克斯）。④按时移植穴盘苗，不宜做穴盘苗冷藏。

生长调节 注意控制株高，可用生长调节剂丁酰肼或多效唑控制。

病虫害防治 极易发生猝倒病，应注意通风、减少基质湿度，必要时喷施杀菌剂。易受立枯病和褐斑病、炭疽病的危害。应注意基质使用前必须消毒。发病时根据病情分别用20%甲基立枯磷乳油（利克菌）1 000倍液、70%甲基托布津800～1 000倍液、80%炭疽福美可湿性粉剂800倍液喷洒防治。及时防治传毒蚜虫，以防病毒病的传播。

矢车菊 *Centaurea cyanus*

科属 菊科矢车菊属一、二年生草本。

习性 喜阳光充足和凉爽的环境，高温、高湿的夏季无法正常生长。耐旱，不耐潮湿。播种繁殖，种子约250粒/克。

穴盘育苗

初始基质：pH5.8～6.5，EC小于0.75毫西/厘米。

覆盖：播种后种子用蛭石覆盖。

温度：发芽阶段18～20℃，生长阶段10～15℃。

光照：发芽期不需光照，发芽后立即给予适当的光照。长日性植物，短日照可促进分枝，长日照处理可提前开花。花蕾形成需要13小时以上的日照长度。

发芽天数：7～10天。

育苗周期：6～7周。

播种到开花：13～16周。

肥水管理　真叶长出后用100毫克/千克的氮磷钾肥进行施肥，后期注意控制氮肥的施用量，防止过度施肥茎秆变脆。浇水要适量，不可过多，否则会造成烂根，影响植株的正常生长。

生长调节　矢车菊茎秆细弱，容易倒伏，可通过适当低温、增施钾肥控制幼苗徒长。一般不需要施用生长调节剂。

病虫害防治　排水不良则根系易腐烂。注意保持基质通透性，防止积水。

白晶菊 *Chrysanthemum paludosum*

科属　菊科茼蒿属多年生草本，作一、二年生栽培。

习性　喜温暖、光照充足，可耐－5℃以上的低温。光照不足开花不良。忌高温多湿。不择土壤。抗性强，播种繁殖。种子约1 000粒/克。

穴盘育苗

初始基质：pH5.8～6.5，EC小于0.75毫西/厘米。

覆盖：播种后种子用蛭石覆盖。

温度：发芽阶段15～20℃，生长温度10～20℃。

湿度：基质含水量60%～80%。

光照：发芽期间无补光要求。子叶展开后逐渐提高到20 000～30 000勒克斯。

发芽天数：7～10天。

育苗周期：4～6周（200穴）。

播种到开花：10～12周。

肥水管理 真叶充分展开后每次浇水前使基质有轻微干燥的过程。Ⅳ阶段控制浇水量。子叶展开后开始喷施100毫克/千克的氮、磷、钾复合肥，每周1次。钾肥缺乏会产生缺素症。后期氮的浓度提高到150毫克/千克。

生长调节 一般不需施用生长调节剂。温度高（夜温15℃以上）、湿度大、光照不足时，易发生下胚轴徒长，可用丁酰肼、多效唑等防治。

病虫害防治 常见的病害有叶斑病、茎腐病；虫害有潜叶蝇、蚜虫。防治参见第五章第三节。

醉蝶花 *Cleome hasslerana*

科属 白花菜科白花菜属（醉蝶花属）草本。

习性 喜温暖、日照充足，在排水良好的地方适宜生长。种子520粒/克。

穴盘育苗（图45）

初始基质：pH5.5～5.8，EC小于0.75毫西/厘米。

覆盖：播种后需要覆盖。

温度：发芽20～25℃，生长温度18～30℃。

湿度：发芽阶段基质湿度95%以上。

发芽天数：5～6天，变温处理可促进发芽。

育苗周期：4～5周。

播种到开花：15～17周。

图45　醉蝶花穴盘苗单株

肥水管理 子叶展开后开始施用50～75毫克/千克的氮肥，20-10-20与13-2-13交替施用，醉蝶花比较喜肥，真叶展开后浓度可升高到150毫克/千克。注意基质不宜过湿。

生长调节 可使用丁酰肼、多效唑等控制株高。

病虫害防治　环境温度过高、通风不良时易受蚜虫危害。易受潜叶蝇危害。应加强通风，发现蚜虫时用吡虫啉 1 000～1 200 倍液及时防治，有潜叶蝇危害时应尽早用氧化乐果 800～1 000 倍液或阿维菌素 4 000～5 000 倍液喷洒防治。

彩叶草 *Coleus blumei*

科属　唇形科鞘蕊花属（锦紫苏属）多年生草本，作一年生栽培。

习性　喜温暖、湿润、阳光充足的环境，要求基质疏松、排水良好，忌积水。种子 3 500 粒/克。

穴盘育苗（图 46）

初始基质：pH5.5～5.8，EC 小于 0.75 毫西/厘米。

覆盖：播种后种子不覆盖。

温度：发芽阶段 21～24℃，生长阶段 18～24℃。

湿度：发芽阶段基质含水量 90%～95%。

光照：胚根萌发前不需要光。后期不同品种对光照需求不同，光照过强叶片灼伤，需适当遮光；光照过弱叶色黯淡、植株易徒长。

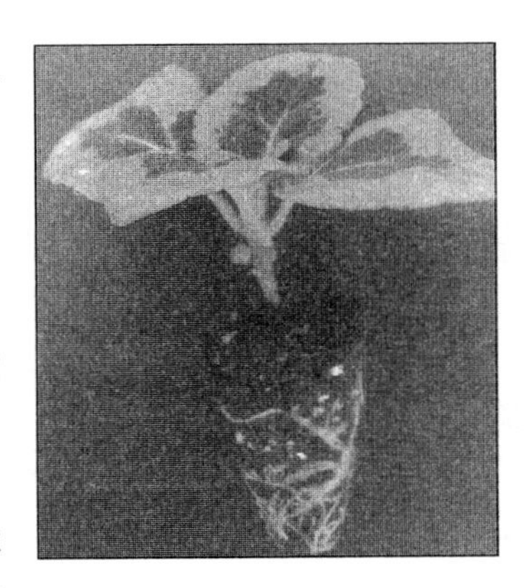

图 46　彩叶草穴盘苗单株

发芽天数：10～12 天。

育苗周期：6～7 周（200 穴）。温度低育苗期延长。

播种到出售：13～16 周。

肥水管理　子叶完全展开后开始施用 50～75 毫克/千克的硝态氮肥，对铵态氮敏感。可用 14－0－14 与硝酸钾或硝酸钙交替使用。Ⅱ阶段后期开始注意基质见干见湿。Ⅲ阶段氮的水平可提高到 150 毫克/千克，20－10－20 和 14－0－14 交替施用。低或中度喜肥种类。过度施肥将导致着色缓慢、生长势降低。

生长调节 控肥、控水和负的昼夜温差可防止徒长，必要时可用环丙嘧啶醇、丁酰肼和多效唑控制株高。

病虫害防治 有时易患灰霉病、枯萎病、真菌性叶斑病；虫害有蚜虫、介壳虫等。防治参见第五章第三节。

大花金鸡菊 *Coreopsis grandiflora*

科属 菊科金鸡菊属宿根草本，作一、二年生栽培。

习性 幼苗喜凉爽、喜光，成龄株性强健，喜光照充足，耐寒，也耐一定的炎热，耐旱，喜空气干燥，对基质要求不严。在湿润、排水良好的壤土中长势最佳。可播种繁殖。种子 375 粒/克。

穴盘育苗

初始基质：pH5.8～6.2，EC0.5～0.75 毫西/厘米。

覆盖：播种后不盖或用蛭石轻微覆盖，为提高发芽率，建议在能够保持湿度的情况下不覆盖。

温度：发芽阶段 18～25℃，生长阶段 13～25℃。

湿度：发芽期间保持较高的基质湿度和空气湿度，发芽后逐渐降低。

光照：发芽期间需要光照。发芽后光照升高到 20 000～25 000 勒克斯。炼苗阶段光照不超过 50 000 勒克斯。

发芽天数：10～12 天。

育苗周期：4～5 周。

播种到开花：13～15 周。

图 47 金鸡菊叶柄徒长

肥水管理 子叶充分展开后开始施用 50 毫克/千克的 13－2－13 或其他硝态氮为主的全元素复合肥。每周 2 次。真叶 2～3 片后氮浓度提高到 100～150 毫克/千克。与铵态氮肥交替施用。低温期育苗常会出现基部叶片发紫，主要是植株缺磷所致。可通过提高基质温度促进磷肥的吸收而改善。一般随着季节的转暖症状自然消失。

生长调节　氮肥施用过多，环境湿度大，光照不足易造成叶柄徒长（图47）。可通过增施钾肥、加强通风和光照、控制水分来控制叶柄徒长，一般不用生长调节剂。

病虫害防治　没有严重的病害。虫害如蚜虫、红蜘蛛等。防治参见第五章第三节。

小丽花 *Dahlia hybrida*

科属　菊科大丽花属多年生草本，作一、二年生栽培。

习性　是大丽花的变种，比大丽花耐热，怕霜冻，不耐寒冷。喜光，对日照长度不敏感。怕旱忌涝，要求基质疏松。可播种繁殖，种子约120粒/克。

穴盘育苗

初始基质：pH5.5～5.8，EC0.75毫西/厘米。

覆盖：播种后种子覆土1～1.2厘米，不能覆土太薄，以免种子“带帽”出土。

温度：发芽适温20～22℃，温度低发芽延迟。生长温度10～15℃。

发芽天数：5～10天。

育苗周期：4～5周。

播种到开花：约14周。

肥水管理　真叶露出后开始施用氮磷钾复合肥，浓度从100毫克/千克逐渐上升到200毫克/千克。

生长调节　用2 000～4 000毫克/千克的丁酰肼或5～10毫克/千克的环丙嘧啶醇可有效控制植株高度。

病虫害防治　主要病害有根腐病、白粉病、叶斑病。根腐病没有根除的有效药物，防治方法是加强田间管理，发现病株及时拔除，用甲醇：冰醋酸：碘片＝4：2：1的混合液浇灌根部。主要虫害有红蜘蛛、蚜虫、食心虫等。大丽花对杀虫剂、杀菌剂敏感，选用药剂时应注意。具体可参见第五章第三节防治。

大花飞燕草 *Delphinium grandiflorum*

科属 毛茛科翠雀属宿根草本，作一、二年生栽培。

习性 喜凉爽、日照充足、较干燥的环境，较耐寒，怕暑热，忌高湿怕涝，酸性土壤为宜。可播种繁殖，种子300～500粒/克。

穴盘育苗

初始基质：pH5.5～6.5，EC0.75毫西/厘米。

覆盖：粗蛭石覆盖。

温度：发芽18～20℃，温度20℃以上发芽延迟，播种前种子先置于冰箱内2～3天再取出播种利于发芽。生长温度10～18℃。

发芽天数：12～18天。

育苗周期：8～9周（有的品种如“北极光”5～6周）。

移栽到成品：16周。

播种到开花：23周（5～6个月）。

肥水管理 发芽期保持基质中等湿润，后期逐渐降低空气湿度。阶段Ⅲ开始每周施用一次50～75毫克/千克的氮肥，15-0-15和20-10-20交替施用。后期浇水要掌握见干见湿。

生长调节 育苗阶段一般不施用。

病虫害防治 过湿条件下易产生灰霉病、立枯病，注意通风换气和温度控制。黑斑病、根颈腐烂病，可用30%托布津可湿性粉剂500倍液喷洒防治。虫害有蚜虫和夜蛾，参见第五章第三节防治。

石竹 *Dianthus chinensis*

科属 石竹科石竹属一、二年生或多年生草本。

习性 耐寒怕热，喜光照充足，耐旱怕涝，在石灰质壤土上生长良好。喜肥，在地势高燥、日照充足、通风良好处生长良好。可播种繁殖。种子800～1 200粒/克。

穴盘育苗

初始基质：pH5.8～6.2，EC0.75毫西/厘米。

覆盖：播种后用粗蛭石轻微覆盖。

温度：发芽18～21℃，生长温度14～20℃。

光照：胚根露出后不宜直接见光，否则根系生长不良。子叶展开后光照20 000～30 000勒克斯。

发芽天数：7～10天。

育苗周期：6～8周。

播种到开花：15～18周。

肥水管理　Ⅰ阶段保证基质充分湿润，种子胚根露出后基质湿度保持中等湿润，浇水前保持基质适当偏干，浇则浇透。Ⅰ和Ⅱ阶段对铵态氮敏感，应保持基质中铵离子的浓度小于10毫克/千克。子叶充分展开后开始施14-0-14或硝酸钾、硝酸钙，氮浓度50毫克/千克。Ⅲ阶段浇水前让土壤充分干透但不可使叶片长时间萎蔫。

生长调节　石竹有徒长的习性，施用矮壮素或多效唑可控制株高同时增加分枝（图48）。

图48　石竹施用多效唑增加分枝

病虫害防治　苗期温度过高和通风不良易发生猝倒病、白粉病、茎腐病，可控制水分，加强通风以降低病害发生。虫害主要有青虫、蚜虫等。药剂防治参见第五章第三节。

双距花 *Diascia barberae*

科属　玄参科多年生草本，作一、二年生栽培。

习性　喜冷凉。有的种类可播种繁殖，种子175粒/克。

穴盘育苗

初始基质：pH5.5～6.2，EC0.75毫西/厘米。

覆盖：播种后用蛭石轻微覆盖。

温度：发芽阶段18～21℃，生长阶段10～19℃

湿度：胚根露出前基质中等湿润，空气湿度95%。

光照：发芽不需要补光，子叶展开后光强20 000～30 000勒克斯。Ⅳ阶段50 000勒克斯。

发芽天数：4～6天。

育苗周期：4～5周。

播种到开花：12～14周。

肥水管理 子叶展开后喷施50～75毫克/千克的氮肥，可用14-0-14和20-10-20交替施用。真叶展开后氮的浓度提高到100～150毫克/千克。

生长调节 双距花对植物生长调节剂非常敏感，使用时需慎重。环丙嘧啶醇20毫克/千克在各种气候下都有效且不会使植株产生药害。必要时也可用丁酰肼（2 000～3 000毫克/千克）或烯效唑控制株高。

病虫害防治 不易感病，易受蓟马的危害。防治参见第五章第三节。

马蹄金 *Dichondra argentea*

科属 旋花科马蹄金属多年生草本，作一、二年生栽培。

习性 喜温暖干燥的环境。喜光照充足也耐半阴。可播种繁殖。种子214粒/克。

穴盘育苗

初始基质：pH5.5～6.2，EC0.75毫西/厘米。

覆盖：播种后用粗蛭石轻微覆盖。

温度：发芽阶段22～24℃，生长阶段16～24℃。

湿度：子叶出现前保持基质和空气高湿，之后逐渐降低基质湿度。

光照：发芽阶段不需光照，子叶出现后逐渐增强光照强度

10 000～30 000 勒克斯，后期 54 000 勒克斯。在温度能够控制的前提下，提高光照强度可使银色系列叶色更明显。

发芽天数：4～5 天。

育苗周期：7～9 周。

播种到成品出售：13～15 周（11 厘米盆）。

肥水管理 保持基质潮湿偏干，避免植株过度失水萎蔫。胚根出现后开始施用50～75 毫克/千克的 15-0-15 或 13-2-13 等种苗专用肥，子叶伸展期间将氮肥浓度提高到 100～150 毫克/千克。铵态氮浓度低于 10 毫克/千克。

图 49 马蹄金“翠瀑”穴盘苗

生长调节 马蹄金“翠瀑”种苗（图 49）育苗阶段不需要施用植物生长调节剂。“银瀑”第Ⅲ阶段喷施 2 000～3 000毫克/千克丁酰肼可提高分枝性，防止枝条相互缠绕，增加叶面的银色程度。

病虫害防治 高温强光下叶片易出现焦灼。没有严重的病虫害。

非洲金盏 *Dimorphotheca aurantiaca*

科属 菊科异果菊属半耐寒一年生草本。

习性 喜温和、阳光充足，也稍耐寒。可播种繁殖，种子 420 粒/克。

穴盘育苗

初始基质：pH6.2～6.5，EC 0.75 毫西/厘米。

覆盖：播种后种子用蛭石覆盖。

温度：发芽温度 20～25℃，生长温度 5～25℃。

光照：发芽阶段对光照无特殊要求，子叶露出后逐渐提高到

20 000 勒克斯左右。

发芽天数：6～8 天。

育苗周期：4～5 周。

播种到开花：14～16 周。

肥水管理 子叶露出开始施用 50～75 毫克/千克的氮、磷、钾复合肥。后期注意增施钾肥的比例，以促使茎秆健壮，防止倒伏，氮浓度提高到 150 毫克/千克。可用铵态氮肥和硝态氮肥交替施用。

生长调节 下胚轴易徒长，可在胚根露出后喷施多效唑。Ⅲ阶段喷施一定浓度的丁酰肼或多效唑可有效控制株高。

病虫害防治 无严重的病害。虫害为蚜虫、蓟马。防治参见第五章第三节。

桂竹香 *Erysimum cheiri*

科属 十字花科桂竹香属多年生草本，作一年生栽培。

习性 喜冷凉，耐寒，畏涝忌热。可播种繁殖。

穴盘育苗

初始基质：pH5.8～6.2，EC0.75 毫西/厘米。

覆盖：蛭石覆盖。

温度：发芽 20～24℃，生长温度 15～20℃。

发芽天数：7～10 天。

育苗周期：5～6 周。

播种到开花：16～18 周。

肥水管理 子叶展开后开始施用 50～75 毫克/千克的全元素复合肥，后期氮的浓度提高到 100 毫克/千克。温度过高、湿度过大易徒长。

生长调节 适当的低温可使植株壮实，建议发芽后 3 周施用 5～10 毫克/千克的多效唑使株型紧凑、防止徒长。

洋桔梗 *Eustoma grandiflorum*

科属 龙胆科草原龙胆属一、二年生草本。

习性　性喜冷凉湿润的环境，喜阳光充足，也耐半阴。适于排水良好、腐殖质丰富的土壤。长日性花卉。种子 20 000 粒/克，包衣种子 1 000 粒/克。

穴盘育苗

初始基质：pH6.2～6.5，EC 小于 0.75 毫西/厘米。

覆盖：播种后不覆盖。

温度：发芽阶段 20～22℃，生长适温 18～24℃

湿度：发芽期间保持基质充分湿润但不饱和。

光照：发芽阶段需 100～1 000 勒克斯的光照。

发芽天数：10～14 天。

育苗周期：8～10 周（512 穴盘）。

播种到开花：20～24 周。

肥水管理　待子叶完全展开后，开始施用 14－0－14 的肥料，氮浓度 50～75 毫克/千克。前期对高盐和铵敏感，铵态氮浓度必须低于 10 毫克/千克。施肥与浇清水交替进行。基质略干一点再浇水可促进根系发育。后期 20－10－20 和 14－0－14 的肥料交替使用，氮的浓度可提高到 100～150 毫克/千克。

生长调节　一般通过肥水管理进行控制，必要时用丁酰肼、多效唑和矮壮素控制。

病虫害防治　常见的病害主要有立枯病、灰霉病、根腐病等。常见的虫害有蚜虫、潜叶蝇、白粉虱等。根据发生情况，及时用药防治。

勋章菊 *Gazania splendens*

科属　菊科勋章花属多年生草本，北方常作一年生栽培。

习性　喜温暖、光照充足环境。在疏松、排水良好的土壤中生长良好。可播种繁殖，种子 560 粒/克。

穴盘育苗

初始基质：pH5.5～5.8，EC0.75 毫西/厘米。

覆盖：播种后用蛭石覆盖。

温度：发芽 20～22℃，生长温度 15～30℃。

发芽天数：10～14 天。

育苗周期：5～6 周。

播种到开花：13～14 周。

肥水管理　子叶充分展开后施肥，氮的浓度 75 毫克/千克。20-10-20 和 14-0-14 交替施用。真叶快速生长阶段氮的浓度上升到 100～150 毫克/千克。

病虫害防治　常见病害为叶斑病，虫害为蚜虫、红蜘蛛。防治参见第五章第三节。

千日红 *Gomghrena globosa*

科属　苋科千日红属一年生草本。

习性　抗旱、抗热性强。播种繁殖。种子约 400 粒/克。

穴盘育苗

初始基质：pH5.8～6.2，EC0.5～0.75 毫西/厘米。

覆盖：播种后种子需覆盖。覆土过薄下胚轴易徒长。

温度：发芽 20～22℃，生长温度 25～28℃。

发芽天数：10～14 天。

光照：发芽阶段无特殊需求。生长阶段高光强利于生长和开花。

育苗周期：4～6 周。

播种到开花：20～24 周。

肥水管理　基质避免过湿或过干。Ⅱ阶段开始施用 50～75 毫克/千克的氮肥，后期浓度提高到 100～200 毫克/千克，20-10-20 和 14-0-14 交替施用。

病虫害防治　易受潜叶蝇危害。防治参见第五章第三节。

堆心菊 *Helenium autumnale*

科属　菊科堆心菊属多年生草本，北方常作一、二年生栽培。

习性　喜温暖、喜光，抗寒、耐热也耐旱。可播种繁殖，集束丸粒化种子 206 粒/克。

穴盘育苗（图 50）

图 50 堆心菊穴盘苗单株

初始基质：pH5.8～7.0，EC 小于 0.75 毫西/厘米。

覆盖：播种后用蛭石覆盖。

温度：发芽阶段 18～22℃，生长阶段 15～28℃。

湿度：保持基质潮湿直到胚根出现，待胚根穿透基质后逐渐降低基质湿度。

光照：发芽不需光，子叶出现后光照逐渐提高到 1 000～30 000勒克斯。

肥水管理 子叶出现后开始施用 50～75 毫克/千克 15-0-15 肥料，子叶展开后氮浓度提高到 100～150 毫克/千克，可与 20-10-20 交替施用。

发芽时间：3～5 天。

育苗周期：4～6 周。

播种到开花出售：12～14 周。

生长调节 育苗阶段主要通过环境控制和肥水管理来控制合适的株型，一般不需使用植物生长调节剂。必要时可用丁酰肼 3 000～5 000 毫克/千克控制株高，同时利于延长观赏期。

病虫害防治 病害较少，偶尔可见粉霉病、茎腐病危害；常见的虫害为蓟马、蚜虫。防治参见第五章第三节。

向日葵 *Helianthus annus*

科属 菊科向日葵属一年生草本。

习性 耐热，畏寒。喜光。种子 50 粒/克。

穴盘育苗

初始基质：pH5.5～6.3，EC0.75 毫西/厘米。

覆盖：播种后种子用蛭石覆盖。

温度：发芽温度22～25℃，生育适温15～35℃。

光照：发芽后给予10 000～30 000勒克斯的光照。Ⅳ阶段可提高到50 000勒克斯。

发芽天数：6～10天。

育苗周期：3～4周（200目）。

播种到开花：9～12周。

肥水管理 子叶露出后施用50～75毫克/千克的氮肥，和14-0-14交替施用。后期氮浓度提高到150毫克/千克。

生长调节 露白后为防止下胚轴过长可施用2 500～5 000毫克/千克的丁酰肼或3～5毫克/千克多效唑。

病虫害防治 幼苗易受蛞蝓的危害。夏季易感染粉霉病。防治参见第五章第三节。

伞花蜡菊 *Helichrysum microphyllum*

科属 菊科蜡菊属一年生草本。

习性 喜温暖、光照充足。喜通风良好、偏干燥的环境。播种繁殖。种子约23 000粒/克。

穴盘育苗

初始基质：pH5.5～6.3，EC0.75毫西/厘米。

覆盖：播种后种子不需覆盖。

温度：发芽阶段22～24℃，生长温度16～24℃。

湿度：发芽期间保持较高的基质湿度（95%～100%），子叶出现后逐渐降低。

光照：发芽期间不需要光照，子叶出现后光照强度逐渐增加，维持在10 000～30 000勒克斯。炼苗阶段保持在54 000勒克斯左右。

发芽天数：7～10天。

育苗周期：8～10周。

播种到出售：12～14周。

肥水管理 基质湿度在子叶伸展之后逐渐降低以利根系迅速生

长，防止过干和过湿。浇水尽量在上午进行，使叶片保持干燥的状态过夜，否则易染灰霉病。子叶露出后开始施用 50～75 毫克/千克的 14－0－14 或 13－2－13 等硝态氮肥，真叶展开后氮肥浓度可提高到 150～200 毫克/千克。

生长调节　育苗阶段无需使用。

病虫害防治　没有严重的虫害，湿度大时易感染灰霉病。

芙蓉葵 *Hibiscus moscheutos*

科属　锦葵科木槿属多年生草本，作一年生栽培。

习性　喜温耐湿，耐热，抗寒。耐干旱。喜光照充足。种子 100 粒/克。

穴盘育苗

初始基质：pH5.5～6.3，EC0.75 毫西/厘米。

覆盖：播种后种子用粗蛭石覆盖。

温度：发芽适温 20～24℃，生长温度 15～28℃。

光照：发芽阶段不需补光。

发芽天数：3～5 天。

育苗周期：5～7 周（72 穴盘）。

播种到开花：夏季 13～14 周，春季 16 周。

肥水管理　幼根长出后施用 50～75 毫克/千克的氮肥，子叶伸展后浓度提高到 100～150 毫克/千克。对氯敏感，自来水浇灌要存放一段时间，待氯气挥发后再浇。基质要持续适度湿润。

生长调节　子叶展开后用 300 毫克/千克的矮壮素处理可有效控制徒长，并使叶片深绿。

病虫害防治　一般没有严重的病害。虫害包括蚜虫、蓟马、红蜘蛛等。芙蓉葵对杀虫剂十分敏感，防治虫害时注意药剂的种类和浓度，否则易产生药害，叶片皱缩。

嫣红蔓 *Hypoestes phyllostachya*

科属　爵床科枪刀药属多年生半灌木，作一、二年生栽培。

习性 喜温暖、湿润和半阴环境，以深厚肥沃、排水透气的基质为宜。可种子繁殖。种子 880 粒/克。

穴盘育苗

初始基质：pH5.5～6.5，EC 小于 0.75 毫西/厘米。

覆盖：播种后种子用蛭石覆盖。

温度：发芽阶段 21～24℃，生长阶段 15～20℃。

光照：发芽阶段无特殊需求。叶片充分伸展后保持合适的光照利于叶色斑点鲜艳，光照过强叶片卷曲，光照过弱叶色变暗，斑点消失。

发芽天数：7～10 天。

育苗周期：5～6 周。

播种到成品出售：11～12 周。

肥水管理 子叶展开后开始喷施 14－0－14 或硝酸钙、硝酸镁。氮的浓度 50～75 毫克/千克，后期可提高到 100～150 毫克/千克。少施铵态氮肥利于形成良好颜色。

生长调节 可施用矮壮素控制生长。

病虫害防治 无严重的病虫害。

新几内亚凤仙 *Impatiens hawkerii*

科属 凤仙花科凤仙花属植物多年生草本。

习性 喜温暖湿润、半阴的环境。要求疏松肥沃、排水良好的沙质壤土。可播种繁殖。种子 600 粒/克。

穴盘育苗

初始基质：pH5.5～6.0，EC 0.75 毫西/厘米。

覆盖：播种后种子用蛭石轻微覆盖。

温度：发芽阶段 20～24℃，生长阶段 20～25℃。

湿度：胚根露出前空气湿度 100%，炼苗阶段降到 50%。

发芽天数：6～8 天。

光照：发芽阶段照光可提高发芽率。

育苗周期：6～7 周。

播种到开花：12～13周。

肥水管理　植株失水萎蔫后不易恢复，经常保持基质湿润。对肥分非常敏感，微量元素过多易造成顶芽枯萎，叶缘枯死直至整株枯萎。子叶充分展开后开始施50～75毫克/千克的13-2-13，后期提高到150毫克/千克，与20-10-20交替施用。

生长调节　育苗阶段一般不用生长调节剂。

病虫害防治　易受红蜘蛛（二斑叶螨）、花蓟马等虫类的危害，应及时防治，以防传播病毒病。

非洲凤仙 *Impatiens wallerana*

科属　凤仙花科凤仙花属多年生草本，作一、二年生栽培。1985年以来销售量一直位于全美草花第一位。

习性　喜温暖、湿润的环境，耐阴，全阴到半阴条件下栽培。不耐寒，喜疏松肥沃、排水良好的沙质壤土，种子1 250～2 700粒/克。

穴盘育苗

初始基质：pH6.2～6.5，EC0.5～0.75毫西/厘米。

覆盖：播种后种子用蛭石轻微覆盖。

温度：发芽阶段22～24℃，生长阶段16～22℃。对温度反应敏感，高于25℃会引起种子热休眠，低于18℃会造成顶芽败育、叶片畸形。

湿度：胚根露出前空气湿度100%，之后逐渐降到40%～70%。

光照：发芽阶段108～1 080勒克斯的光照可提高萌发且防止下胚轴徒长 。

发芽天数：5～8天。

育苗周期：5～6周。

播种到开花：11～12周。

肥水管理　从Ⅱ阶段开始逐步控制基质湿度，以便根系迅速向下生长。子叶展开后开始施硝态氮肥，氮浓度从50毫克/千克逐渐上升到150毫克/千克，与浇水间隔。对铵和高盐敏感。多施钙肥少施铵态氮肥能使植株更壮实。前期保持基质湿润，后期注意控制水分，保持基质微潮偏干。

生长调节 控制水分、肥料（尤其铵态氮和磷肥）的施用及使用负的昼夜温差控制，可以控制植株生长。必要时可用丁酰肼进行株高控制（图51）；对多效唑、矮壮素等敏感，种苗生产中尽量不使用。

图51 非洲凤仙施用B_9后的株高控制效果

左一浓度为1 000毫克/千克；中间为500毫克/千克；右为对照

病虫害防治 易受灰霉病、茎腐病、叶斑病、根腐病等侵染性病害的危害，防治参见第五章第三节。叶片如果在12小时内快速腐烂，说明受到假单孢菌感染，应立即拔掉受感染植株。叶片变红，可能是受链格孢菌感染，可送到相关实验室检测并采取相应的防治措施。也易发生因营养缺乏引发的生理性病害。虫害主要是蚜虫和蓟马的危害。

常见问题 非洲凤仙常出现秃顶苗（顶芽败育），叶片畸形。引起非洲凤仙顶芽败育的因素：①基质EC过高（超过1.2毫西/厘米）。②生长点上积水长达4小时，造成生长点缺氧，因而应尽量在上午浇水，以使叶片在干燥状态下过夜。③基质温度低（低于18℃）、湿（饱和），刺激乙烯在植物体内生成并积累到有害的程度。④pH过低引起钠中毒。⑤缺硼。

红苋 *Iresine herbstii*

科属 苋科血苋属多年生草本，作一、二年生栽培。

习性 喜温暖和光照充足，耐热、耐瘠薄，在光照充足处叶色靓丽。可播种繁殖。种子约1 600粒/克。

穴盘育苗

初始基质：pH5.5～6.2，EC小于0.75毫西/厘米。

覆盖：播种后种子用蛭石覆盖。

温度：发芽22～24℃，生长温度18～30℃。

湿度：子叶出土前保持基质充分湿润，空气湿度95%。子叶出土后逐渐降低基质和空气湿度。

发芽天数：5～6天。

育苗周期：5～6周。

播种到成品期：10～12周（10厘米盆）。

肥水管理　第Ⅱ阶段开始施用50～75毫克/千克的氮肥，子叶充分展开后增加到100～150毫克/千克。适当增加磷钾肥的含量有助于加深叶色。苗期光照过强易使地上部生长受抑制，形成根系生长超前。

病虫害防治　常见的虫害是蚜虫。没有严重的病害。

姬金鱼草 *Linaria reticulata*

科属　玄参科柳穿鱼属二年生草本。

习性　半耐寒，喜光。适宜在土壤疏松、沙质、排水良好的土壤中生长。播种繁殖。

穴盘育苗

初始基质：pH5.8～6.5，EC小于0.75毫西/厘米。

覆盖：播种后种子不覆盖或轻微覆盖。

温度：发芽阶段15～20℃，生长温度5～20℃。

育苗周期：4～5周。

生长周期：13～15周。

肥水管理　子叶出现后开始施用75毫克/千克的20-10-20，与14-0-14交替施用。经常使用硝态氮肥和磷钾肥以使茎秆强壮。

生长调节　下胚轴易徒长，可在发芽前用丁酰肼或多效唑处理土壤来避免。降低温度、增加光照、多施硝态氮肥可有效防止整株节间徒长、茎叶细弱，必要时用丁酰肼、多效唑控制株高，同时避免茎互相缠绕。

病虫害防治 没有严重的病虫害。

半边莲 *Lobelia speciosa*

科属 桔梗科半边莲属多年生草本，作一、二年生栽培。株型有直立生长型和匍匐生长型。

习性 喜冷凉的气候，忌干燥，不耐热。需要在低温、长日照的情况下开花。种子 35 000 粒/克。

穴盘育苗

初始基质：pH5.8～6.2，EC0.75 毫西/厘米。

覆盖：播种后用粗蛭石轻微覆盖。

温度：发芽阶段 22～26℃，生长适温 16～22℃。

光照：发芽阶段 1 000～4 000 勒克斯的光照利于快速萌发。以后提高到 15 000～25 000 勒克斯。不耐强光，光照高于 25 000 勒克斯叶片会出现焦边。短日性植物，日长短于 12 小时可加速开花。

发芽天数：6～8 天。

育苗周期：5～6 周（288 穴盘）。

播种到开花：11～13 周。

肥水管理 育苗阶段对铵态氮敏感。肥料中的铵态氮水平应控制在 10 毫克/千克以内。从第Ⅱ阶段开始施用 50～75 毫克/千克的 14－0－14，与硝酸钾或硝酸钙等交替使用。Ⅲ开始氮浓度提高到 100～150 毫克/千克，14－0－14 与 20－10－20 交替施用。

生长调节 育苗阶段一般不需使用生长调节剂。

病虫害防治 没有严重的病虫害。

紫罗兰 *Matthiola incana*

科属 十字花科紫罗兰属多年生草本，作一、二年生栽培。

习性 性喜夏季凉爽、冬季温和气候，忌燥热，能耐短时间

－5℃低温。喜光。喜肥沃疏松、排水良好的土壤。种子 630 粒/克。

穴盘育苗

初始基质：pH5.5～6.0，EC 小于 0.75 毫西/厘米。

覆盖：播种后中粒蛭石覆盖。

温度：发芽温度 20～22℃，生长温度 15～21℃。

光照：发芽阶段对光的需求不严格，但一定强度的光照利于萌发。Ⅱ、Ⅲ光照 20 000～30 000 勒克斯，Ⅳ54 000 勒克斯。

发芽天数：7～10 天。

育苗周期：4～5 周。

播种到开花：10～16 周。

肥水管理　Ⅱ阶段开始施用 75 毫克/千克的 14－0－14 或 13－2－13，每周 1 次。Ⅲ阶段后氮浓度提高到 150 毫克/千克。浇水和施肥交替进行。

生长调节　Ⅲ阶段施用丁酰肼 600～1 000 毫克/千克可有效控制株高。

病虫害防治　易染粉霉病和灰霉病，应避免顶部浇水。虫害易受蚜虫危害，造成叶片卷曲，并易感染灰霉病等病害，也易受小菜蛾等的危害，常在叶片造成孔洞，需用菜喜、阿维菌素等防治。

皇帝菊 *Melampodium paludosum*

科属　菊科美兰菊属一年生草本，又称黄帝菊。

习性　喜温暖、光照充足，也耐半阴。耐热、耐高湿，不耐寒。对土壤要求不严。播种繁殖，种子约 200 粒/克，可自播繁衍。

穴盘育苗（图 52）

初始基质：pH5.5～6.5，EC 小于 0.75 毫西/厘米。

覆盖：播种后需用蛭石覆盖。

温度：发芽温度 18～22℃，生长温度 15～25℃。

光照：种子发芽嫌光。

发芽天数：7～10 天。

育苗周期：4～5周。

播种到开花：10～12周。

图52　皇帝菊穴盘苗单株

肥水管理　基质保持微潮偏干，基质过湿会导致下位叶发黄、萎蔫。子叶充分展开后叶面喷施50～75毫克/千克的种苗专用肥，20-10-20与14-0-14（或其他硝态氮肥）交替施用。第一片真叶展开后浓度提高到100毫克/千克。植株缺镁会导致老叶叶脉间黄化，叶缘向上或向下卷曲，叶面皱缩，早期出现落叶。后期注意增施1～2次镁肥（硫酸镁、硝酸镁）。

生长调节　通过控制水、肥和环境条件来控制株高，保证充足的生长空间，必要时可以施用多效唑、矮壮素、丁酰肼。

病虫害防治　虫害有潜叶蝇、蚜虫等。没有严重的病害。

常见问题　皇帝菊穴盘育苗中常出现子叶叶尖干枯变黑，真叶叶缘上卷，叶面不平展，叶色失绿，个别真叶畸形，顶芽正常。整株处于生长停滞小老苗状态。分析原因，可能是以下因素所致：①基质pH过高、EC过高。②缺镁，如经常施用不含镁的肥料或水中钙、钠含量过高抑制镁的吸收。③pH过低、基质温度过低的情况下经常使用尿素导致植物铵态氮中毒。④植株在根系满盘之后，由于肥料的供应不足导致整体缺肥。⑤高温强光造成叶面皱缩。

解决措施：①酸水充分淋洗基质，每周1次，连续2～3次，保证pH在5.8～7.0之间。浓硝酸或硫酸的用量为每150升水中加入75毫升。②叶面喷施镁肥（每150升水溶液中含镁）75克，每周1次，连续2次。③尽量少用尿素，如果必须使用，需保证基质温度18℃、pH5.5以上。④用千分之一的磷酸二铵浇灌（叶面喷施加根灌2次，二次相隔4～5天）。一般施肥3～10天症状可明显改善。⑤夏季生产中注意适度遮阴。

猴面花 *Mimulus luteus*

科属　玄参科酸浆属多年生草本，作一、二年生栽培。

习性　喜冷凉，半耐寒，喜日照充足，在潮湿的环境生长良好。可播种繁殖。种子 7 000～20 000 粒/克。

穴盘育苗

初始基质：pH5.8～6.5，EC0.75 毫西/厘米。

覆盖：播种后种子不覆盖或用蛭石轻微覆盖。

温度：发芽温度 15～20℃，生长温度 10～25℃。

发芽天数：7～14 天。

育苗周期：4～5 周。

播种到开花：13～14 周。

肥水管理　子叶展开后开始喷施 75 毫克/千克的 20－10－20，与 14－0－14 或其他硝态氮肥交替施用。穴盘育苗中后期氮浓度提高到 150 毫克/千克，提高肥料中磷钾肥的比例，以促使茎秆健壮。浇水尽量在上午进行，以使叶片在干燥的情况下过夜。避免植株过度萎蔫。

生长调节　环境温度高、通风不良、光照不足易徒长，可使用 1 500～3 000 毫克/千克的丁酰肼或 5 毫克/千克的多效唑控制株高。

病虫害防治　易发生灰霉病、白粉病；虫害为蚜虫。防治参见第五章第三节。

龙面花 *Nemesia strumosa*

科属　玄参科龙面花属一年生草本。

习性　喜气候温和光照充足的环境，耐一定程度的低温，忌酷热，在排水良好、微酸性的基质中生长良好。种子 6 000 粒/克。

穴盘育苗

初始基质：pH5.8～6.5，EC0.75 毫西/厘米。

覆盖：播种后种子用蛭石覆盖。

温度：发芽温度 15～20℃，生长温度 10～25℃。

发芽天数：7～10 天。

育苗周期：4～5 周（288 穴）。

播种到开花：12～15 周。

肥水管理　第Ⅱ阶段开始施用 50～75 毫克/千克的 20－10－20，后期浓度为 100～150 毫克/千克。与 14－0－14 交替施用。叶片多毛，浇水尽量在上午进行。

生长调节　必要时用 2 000～3 000 毫克/千克丁酰肼防止徒长。

病虫害防治　易发生灰霉病、菌核病。防治参见第五章第三节。

花烟草 *Nicotiana alata*

科属　茄科烟草属一年生草本，或多年生草本作一年生栽培。

习性　长日照花卉，喜温暖、向阳环境，不耐寒。种子 10 500 粒/克。

穴盘育苗

初始基质：pH5.5～5.8，EC 0.75～1.0 毫西/厘米。

覆盖：播种后种子不需覆盖。

温度：发芽温度 20～24℃，生长温度 18～20℃。

湿度：胚根露出前基质湿度和空气湿度接近饱和，之后空气湿度降至 40%。

光照：100～1 000 勒克斯的光照有利于发芽。子叶展开后光照 35 000～40 000 勒克斯。长日照利于加快植物生长和开花。

发芽天数：7～10 天。

育苗周期：4～6 周。

生长周期：9～12 周。

肥水管理　避免基质过干或过湿。叶片尽量在干燥条件下过夜。Ⅱ阶段开始施用 50～75 毫克/千克的氮肥，铵态氮与硝态氮结合使用。Ⅲ阶段氮浓度提高到 150 毫克/千克。

生长调节　第Ⅲ阶段使用丁酰肼、多效唑或矮壮素处理可使株型紧凑。

病虫害防治　易患灰霉病、茎腐病；虫害有蚜虫、红蜘蛛。防治参见第五章第三节。

南非万寿菊 *Osteospermum* spp.

科属　菊科蓝眼菊属宿根草本或亚灌木，原产南非，近年来从国外新引进我国，作一、二年生草花栽培。

习性　喜阳，中等耐寒，可忍耐－3～－5℃的低温。耐干旱。喜疏松肥沃的沙质壤土。在湿润、通风良好的环境中表现更为优异。播种繁殖。

穴盘育苗

初始基质：pH6.2～6.5，过低会导致铁、钠等金属元素中毒。EC小于0.75毫西/厘米。

覆盖：播种后以粗粒蛭石进行覆盖。覆土过薄易造成种子带壳出土。

温度：发芽温度18～20℃，生长温度5～28℃。适当的低温（10℃左右）使种苗健壮。

光照：100～1 000勒克斯以下的光照可提高发芽率。Ⅱ、Ⅲ阶段不超过25 000勒克斯，补光可使植株提早开花。

发芽天数：7～10天。

育苗周期：4周。

播种到开花：14～16周。

肥水管理　子叶露出开始施用50～75毫克/千克的氮、磷、钾复合肥。后期提高到150毫克/千克。可用铵态氮肥和硝态氮肥交替施用。

生长调节　第Ⅲ阶段末期用丁酰肼或多效唑进行株高控制。

病虫害防治　常见虫害为蚜虫、夜蛾幼虫、蓟马。防治参见第五章第三节。土壤排水性不好时可能发生黄萎病。

虞美人 *Papaver rhoeas*

科属　罂粟科罂粟属一、二年生草本。

习性 喜凉爽忌高温，耐寒，根系深，不耐移植，喜向阳、排水良好的环境。

穴盘育苗

初始基质：pH5.5～5.8，EC小于0.75毫西/厘米。

覆盖：播种后不覆盖。

温度：发芽温度18～20℃，生长温度15～25℃。

光照：萌发阶段1 000～4 000勒克斯的光照利于胚根萌发。真叶出现后光照提高到10 000～15 000勒克斯。

发芽天数：7～14天。

育苗周期：6～7周。

播种到开花：8～12个月。

肥水管理 子叶展开后降低基质的水分以利于根系下扎，真叶展开后每次浇水前允许基质有充分干燥的过程。发芽阶段对高盐和高含量的铵态氮敏感，基质中铵态氮浓度应低于10毫克/千克。子叶展开后施50～75毫克/千克的14-0-14，与其他硝酸钙或硝酸镁等硝态氮肥交替应用；Ⅲ阶段氮的浓度提高到100～150毫克/千克，14-0-14或其他硝态氮肥与20-10-20交替应用。避免浇水过多。防止光照过强（30 000勒克斯以下）灼伤叶片。

生长调节 对负的昼夜温差敏感，可利用负的昼夜温差控制株高。种苗生产中一般不使用生长调节剂。

病虫害防治 易患白粉病、茎腐病。防治参见第五章第三节。

天竺葵 *Pelargonium hortorum*

科属 牻牛儿苗科天竺葵属多年生草本，作一、二年生栽培。

习性 喜温暖、光照充足。喜排水良好。长日性植物。

穴盘育苗

初始基质：pH6.2～6.5，EC 0.75～1.0毫西/厘米。pH小于6.0会造成茎尖败育及钠离子、锰离子及铁离子中毒。

覆盖：播种后蛭石覆盖，覆土过浅或不覆盖，胚根易向上生长，子叶“带帽”出土。

温度：发芽温度23～24℃，高于25℃会引起种子热休眠，低于22℃会降低其生长速度，适宜温度23℃。生长温度18～24℃，低于18℃将影响穴盘苗的生长和发育。

光照：阶段Ⅰ100～1 000勒克斯的光照利于萌发、防止下胚轴过度伸长。后期30 000～40 000勒克斯。部分品种每天补光16～18小时，光强度3 000～4 000勒克斯利于生长和开花。

发芽天数：3～5天。

育苗周期：7～8周（200目）。

播种到开花：22～25周。

肥水管理　天竺葵对铵离子很敏感，发芽阶段基质中铵离子浓度应低于5毫克/千克。尽量使用硝酸钾或硝酸钙肥，磷肥浓度10～20毫克/千克。当温度较高并伴有强光时，可适当使用20-10-20以促进叶片生长及改善叶色。氯离子的浓度超过1毫克/千克，可能引起子叶或新叶黄化或漂白。水分管理上保持基质湿润与稍微干燥交替，注意不要让基质过干，否则将使基质盐分浓度过高造成根系损伤，叶片变红或变黄，根尖坏死。

生长调节　真叶出现后施用750毫克/千克的矮壮素，可使株型紧凑，加深叶色。

病虫害防治　常见病害为灰霉病、锈病，根部易受腐霉菌感染，应控制基质湿度，保持室内空气流动，经常为温室除湿；虫害为蓟马。防治参见第五章第三节。

观赏谷子 *Pennisetum glaucum*

科属　禾本科狼尾草属一年生草本。

习性　喜温暖、光照充足。耐旱。播种繁殖。种子120～160粒/克。

穴盘育苗

初始基质：pH5.5～6.3，EC0.75毫西/厘米。

覆盖：播种后种子用蛭石覆盖，蛭石厚度1厘米，覆土过薄易种苗倒伏。

温度：发芽适温 22～25℃，生长温度 18～25℃，平均温度低于 16℃生长停滞。

湿度：发芽阶段保持基质高湿，发芽后降低基质湿度。

光照：发芽阶段无照光需求。发芽后在能够保证合适的温度的情况下尽可能提供较强的光照。

发芽天数：2～3 天。

育苗周期：3～4 周（128 穴）。

播种到现穗：11～13 周。

肥水管理 胚根出现后施用 15－0－15 的水溶性肥料，氮浓度为 50～75 毫克/千克。叶片长出后，氮浓度可增至 100～150 毫克/千克。在炎热的季节和强光的条件下注意不可使植株缺水萎蔫。

生长调节 育苗阶段一般勿施用植物生长调节剂。

病虫害防治 没有严重的病害，常见的虫害为蓟马。防治参见第五章第三节。

繁星花 *Pentas lanceolata*

科属 茜草科五星花属多年生亚灌木，北方常作一年生栽培。

习性 喜温暖和向阳环境，耐热，耐旱，不耐寒，略耐半阴。越冬最低温度不可低于 7℃。喜肥沃、湿润的沙壤土。种子 35 000 粒/克。

穴盘育苗

初始基质：pH6.5～6.8，EC0.75 毫西/厘米。pH 小于 6.5 易发生铁中毒。

覆盖：播种后种子不覆盖。

温度：发芽温度 20～26℃，生长温度 10～30℃。

湿度：发芽阶段基质保持 90%～100%，空气湿度保持在 100%，发芽后基质湿度逐渐降低到 60%，空气湿度降低到 50%。

发芽天数：6～9 天。

光照：发芽需光，不覆盖。繁星花喜强光照，发芽后必须及时给予 10 000～30 000 勒克斯的光照以避免幼苗徒长。育苗阶段一结束，应给予30 000～54 000勒克斯的光照强度，如果温度能够控制在30℃以下，应尽可能给予较高的光照。

育苗周期：8～10周。

生长周期：20～22周。

肥水管理　幼苗子叶展开后，开始施用氮浓度为50毫克/千克的20-10-20水溶性肥料，与14-0-14或其他硝态氮肥交替施用。真叶2～3片时浓度提高到100～150毫克/千克，并保持EC在1.0～1.5毫西/厘米之间。

生长调节　必要时喷布500毫克/千克的矮壮素来控制株高。

病虫害防治　基质pH低于6.0易造成铁中毒（生理性病害），叶片边缘干枯，植株生长缓慢或停滞。可使用硝酸钙水溶液来提高基质的pH。侵染性病害为灰霉病，防治方法参见第五章第三节。

矮牵牛 *Petunia hybrida*

科属　茄科碧冬茄属多年生草本，作一、二年生栽培。

习性　性喜温暖、向阳和通风良好的环境。忌高温多湿。喜全光，长日照，日长小于13小时延迟开花1周。耐轻微霜冻。种子10 000粒/克。

穴盘育苗

初始基质：pH5.8～6.2，EC小于0.75毫西/厘米。

覆盖：播种后种子不覆盖。

温度：发芽温度22～24℃，生长温度15～30℃。

光照：胚根萌发阶段光照108～1 080勒克斯。

发芽天数：4～7天。

育苗周期：4～5周。

生长周期：12～13周。

图53　矮牵牛穴盘苗徒长

肥水管理　子叶展开后开始施

用 50～75 毫克/千克的 20－10－20 水溶性肥料，与 14－0－14 交替使用。后期浓度逐渐提高到100～150 毫克/千克。早春生产应注意增加硝态氮肥的施用次数。缺硼会形成秃顶苗。早期缺硼或缺钙会使新叶变窄成条状，可通过喷施硼酸溶液或 100～150 毫克/千克硝酸钙加以改善。基质 pH 过高（大于 6.6）植株缺铁将导致新叶变黄。

生长调节　必要时喷施丁酰肼或多效唑防止徒长（图 53）。

病虫害防治　pH 大于 6.5 时易产生缺铁、缺镁等生理性病害。温度低时易发生铵中毒；也易缺磷，下部叶变紫。侵染性病害如灰霉病、软腐病，灰霉病；主要虫害有白粉虱、潜叶蝇、菜蛾、蚜虫、卷叶蛾等。防治参见第五章第三节。

火焰花 *Phlogacanthus curviflorus*

科属　爵床科火焰花属（焰爵床属）多年生灌木或亚灌木，近年来在北方作一年生盆花栽培。是花叶俱赏的植物。

习性　喜高温高湿、耐热、喜阴，是典型的热带林下植物，不耐旱。在土层深厚、排水性良好的土壤上生长良好。可播种繁殖，种子 524 粒/克。

穴盘育苗

初始基质：pH5.5～6.1，EC 小于 0.75 毫西/厘米。

覆盖：播种后粗蛭石覆盖。

温度：发芽温度 20～24℃，幼苗适宜生长温度 19～25℃。

湿度：子叶露出之前基质保持高湿。胚根出现前 100％。

光照：发芽期间黑暗环境，子叶展开后逐渐加强照光条件，最适 16 000 勒克斯。最高不超 25 000 勒克斯。炼苗期最强光照不超过 50 000 勒克斯。较充足的光照利于叶片颜色加深。

发芽天数：4～6 天。

育苗周期：5～6 周。

播种到开花：13～15 周。

肥水管理　子叶出现后逐渐降低基质湿度，以利根系迅速向下生长。子叶充分展开后开始喷施 13－2－13 或 14－0－14 等硝态氮为主的氮、磷钾肥，氮浓度 75 毫克/千克。穴盘育苗后期氮浓度提高到 120 毫克/千克。硝态氮肥与铵态氮肥交替施用。育苗Ⅲ、Ⅳ阶段穴盘基质保持适度偏干，每次浇水前穴盘基质有一轻微干燥的过程。

生长调节　株高控制不需使用植物生长调节剂，但施用 3～5 毫克/千克的多效唑可使叶片银白色比例增加，花期提前 2 周。但 5 毫克/千克以上的浓度会引起叶片皱缩。使用前最好先行试验。

病虫害防治　较少发生病虫害。

福禄考 *Phlox drummondii*

科属　花荵科福禄考属一年生或多年生草本。

习性　一年生种类性喜温暖，忌高温湿热，怕旱忌涝。稍耐寒，部分种类小苗可忍受零下几度的低温，华北地区小气候下可冷床越冬。忌碱地。喜光照充足。适合在疏松肥沃、排水良好的沙壤土上生长。常用播种繁殖，种子 500～850 粒/克。

穴盘育苗

初始基质：pH5.8～6.0，EC 小于 0.75 毫西/厘米。

覆盖：播种后用粗蛭石厚盖。

温度：发芽温度 24～25℃，生长温度 15～25℃。

湿度：幼根长出前保持空气湿度 90%～100%，基质湿度 95%，幼根生出后基质湿度逐渐降低，但注意不要使幼苗萎蔫。

光照：发芽需要黑暗的条件。

发芽天数：7～10 天。

育苗周期：4～6 周。

播种到开花：10～12 周。

肥水管理　幼苗不耐旱，过分控水会使植株长势受到限制并提前进行花芽分化；不可通过控水的方式来控制株高；也不耐涝，否则易徒长并诱发腐烂病。子叶展开后施用 50～75 毫克/千克的 14－0－14 肥料。后期氮的浓度逐渐提高到 100～150 毫克/千克，以

14-0-14 和 20-10-20 交替使用。

生长调节 福禄考对多效唑敏感，一般避免应用。

病虫害防治 苗期易患猝倒病、腐烂病、枯萎病；虫害主要有蛴螬、美洲斑潜蝇、蚜虫等。蛴螬危害植株根系，一旦发生则危害较重。防治方法：①切忌使用未充分腐熟的农家肥做基肥。②避免使用磕盆土或植物残枝败叶较多的土壤做基质，以减少基质中虫卵的发生机会。③一旦发病，除人工捕捉外，在 3 龄幼虫前采取辛硫磷等药剂进行灌根或傍晚施放药饵进行诱杀。其他防治参见第五章第三节。

蓝雪花 *Plumbago auriculata*

科属 白花丹科白花丹属多年生草本，北方常作一、二年生栽培。

习性 喜全光照，喜温暖，长日性。中等耐旱。在排水良好的沙壤土上生长良好。可播种繁殖。种子 85 粒/克。

穴盘育苗（图 54）

初始基质：pH5.8～6.2，EC 小于 0.75 毫西/厘米。

覆盖：播种后种子用粗蛭石覆盖。

温度：发芽温度 22～23℃，幼苗生长温度 18～21℃。

光照：发芽阶段不需要。但发芽后及时补光可有效缩短种植周期。

发芽天数：4～6 天。

育苗周期：4～5 周（406 穴盘）。

播种到开花：14～18 周（10 厘米盆）。

图 54 蓝雪花穴盘苗单株

肥水管理 子叶露出后开始每周施用 1～2 次 100 毫克/千克的肥料。后期氮肥浓度提高到 150～175 毫克/千克。可用 13-2-13 或 14-0-14 与 20-10-20 交替施用。育苗期间保持基质潮湿，避免幼苗萎蔫。

生长调节　穴盘苗阶段不需使用。

病虫害防治　根部易受根结线虫危害，应注意土壤使用前先行消毒，发病期可用1.8%的阿维菌素乳油1 000倍液灌根防治。虫害有介壳虫危害，用25%亚胺硫磷乳油1 000倍液喷雾防治。

半支莲 *Portulaca grandiflora*

科属　马齿苋科马齿苋属一年生草本。

习性　喜温暖，不耐寒，喜干旱和阳光充足，耐瘠薄。可播种繁殖，种子10 000粒/克。

穴盘育苗

初始基质：pH5.8～6.2，EC小于0.75毫西/厘米。

覆盖：播种后不覆盖。

温度：发芽温度22～26℃，生长温度20～24℃。

光照：光照利于发芽。子叶出现后光照强度27 000勒克斯，后期升高到54 000勒克斯。长日性植物，苗期短日照会使植株莲座化，且再给予长日照也很难恢复正常生长。因而日照长度应保持在12小时以上。

发芽天数：10天。

育苗周期：5～6周。

播种到开花：12～14周。

肥水管理　发芽期对铵敏感，基质中铵离子浓度应低于10毫克/千克。Ⅱ阶段开始施入50～75毫克/千克硝态氮肥，前期少施磷肥。Ⅲ阶段逐渐将氮浓度提高到100～150毫克/千克。

生长调节　不需使用生长调节剂。

病虫害防治　空气湿度大易患茎腐病。可参照第五章第三节防治。

花毛茛 *Ranunculus asiaticus*

科属　毛茛科毛茛属多年生草本，用种子繁殖时作二年生栽培。

习性 喜冷凉和阳光充足，不耐寒，畏霜冻。喜湿润，怕积水和干旱。喜肥。要求疏松、肥沃、排水良好的沙质土。种子 1 500 粒/克。

穴盘育苗

初始基质：pH5.5～6.5，EC0.5～0.75 毫西/厘米。

覆盖：播种后蛭石轻微覆盖。

温度：发芽温度 8～15℃，最高不能超过 18℃，温度高发芽不整齐；生长适温 10～15℃。

光照：发芽期不需要光照，全光下育苗应适度遮阴。

发芽天数：14～21 天。

育苗周期：9～11 周。

播种到开花：25～29 周。

肥水管理 子叶出现后开始施用 50～75 毫克/千克的 20-10-20，与 14-0-14 交替施用。Ⅲ阶段注意增施硝酸钾或其他含钾的硝态氮肥，氮浓度提高到 150 毫克/千克。喜湿润，忌积水。两次浇水之间让基质有一干燥的过程。

病虫害防治 主要虫害有潜叶蝇、蚜虫、红蜘蛛等；主要病害有灰霉病、白绢病、根腐病。根腐病用 50%苯来特可湿性粉剂 1 000倍液防治。其他防治参见第五章第三节。

金光菊 *Rudbeckia laciniata*

科属 菊科金光菊属一年生或多年生草本。

习性 性强健，适应性强。耐热，也耐一定程度的低温。喜光照充足和通风的环境。对土壤要求不严，以微酸性、排水良好的壤土最佳。有的种类可播种繁殖，种子 950～2 800 粒/克。

穴盘育苗（图 55）

初始基质：pH6.0～6.2，EC 小于 1.0 毫西/厘米。

覆盖：播种后种子用蛭石覆盖。

温度：发芽温度 24～25℃，种苗生长温度 15～25℃。

光照：发芽需 100～1 000 勒克斯的光照。子叶生长阶段 1 000～3 000 勒克斯的光照利于根系迅速下扎。长日性植物，日常 13 小时以上利于生长和开花。

图 55　金光菊穴盘苗单株

发芽天数：10～14 天。

育苗周期：6～8 周。

播种到开花：17～19 周。

肥水管理　子叶充分展开后开始叶面喷施 20－10－20 种苗专用肥，氮的浓度 50～75 毫克/千克，与13－2－13（或其他硝态氮肥）交替施用。以后氮的浓度逐渐提高到100～120 毫克/千克。基质适当干燥利于根系迅速下扎。叶面有毛，浇水、施肥尽量在上午进行，以利于叶片在干燥的状态下过夜。育苗后期注意控制基质和空气的湿度，防止发生灰霉病、腐烂病等真菌病害。

生长调节　育苗期间通过控制温度、增加光照和降低基质和空气的湿度等措施来控制株高，也可使用丁酰肼 1 000～2 500 毫克/千克或矮壮素以避免幼苗徒长。

病虫害防治　空气湿度大时叶片易得灰霉病、软腐病。虫害为白粉虱。防治参见第五章第三节。

鼠尾草 *Salvia farinacea*

科属　唇形科鼠尾草属一年生或多年生草本。

习性　喜温暖，喜光照充足，在排水良好的土壤中生长良好。

穴盘育苗

初始基质：pH5.8～6.0，EC0.75 毫西/厘米。

覆盖：播种后需要覆盖。

温度：发芽温度 21～24℃，生长温度 15～30℃。

发芽天数：5～6 周。

播种到开花：18～20 周。

肥水管理 Ⅱ阶段中期开始施用50～75毫克/千克的氮肥，铵态氮与硝态氮交替使用，后期浓度可提高到150～200毫克/千克。对基质中的高盐含量敏感（参见一串红），要注意基质EC的监测。

生长调节 弱光、湿度大易徒长，可在第一片真叶展开后用丁酰肼、环丙嘧啶醇、多效唑控制徒长以保持合适的株型（图56）。

图56 鼠尾草合适的株型

病虫害防治 同一串红。

一串红 *Salvia splendens*

科属 唇形科鼠尾草属一年生草本。

习性 喜温暖，耐高温，不耐寒；喜光照充足也耐半阴。种子220粒/克。

穴盘育苗（图57）

初始基质：pH5.5～6.0，EC小于0.75毫西/厘米。

覆盖：播种后粗蛭石覆盖，覆盖过浅易使子叶带壳出土。

温度：发芽温度21～24℃，生长温度18～28℃。

发芽天数：7～10天。

育苗周期：4～6周。

播种到开花：10～13周。

图57 一串红穴盘苗单株

肥水管理 基质过湿导致发芽不整齐。子叶展开即可开始施50～75毫克/千克的20-10-20。后期氮的浓度为100～120毫克/千克，20-10-20和14-0-14交替施用。对高盐敏感，Ⅰ、Ⅱ阶段铵离子含量高于5毫克/千克时，可引起出苗参差不齐，或铵中毒，其症状是新叶灰色或棕色；Ⅲ阶段之前EC大于1.5毫西/厘米会引起生长停滞。缺镁会导致新叶叶脉间变黄。

生长调节　弱光、湿度大易徒长，可在第一片真叶展开后用丁酰肼、环丙嘧啶醇控制徒长，也可使用多效唑、矮壮素，但应注意使用浓度和环境条件。

病虫害防治　一串红的病害主要是苗期猝倒病、灰霉病、霜霉病、叶斑病；地播育苗早期阶段种子易被地下害虫取食，造成出苗不齐；易生蚜虫。防治参见第五章第三节。

常见问题　不宜作滞留穴盘处理。

蛾蝶花　*Schizanthus pinnatus*

科属　茄科蛾蝶花属一、二年生草本。

习性　性喜温暖偏冷凉，忌高温、多湿。喜光，稍耐阴。耐旱。喜排水良好、富含腐殖质的壤土或沙壤土。播种繁殖。种子约1 600粒/克。

穴盘育苗

初始基质：pH5.5～6.2，EC0.75毫西/厘米。

覆盖：播种后种子用蛭石轻微覆盖。

温度：发芽温度15～18℃，生长适温10～25℃。温度过低生长缓慢，花期推迟。

光照：种子发芽嫌光。

发芽天数：7～14天。

播种到开花：18周。

肥水管理　发芽后用50～75毫克/千克的20-10-20、14-0-14或其他全元素复合肥叶面喷肥，交替施用。随着植株的生长浓度应逐渐上升到120～150毫克/千克。浇水与叶面喷肥尽量在上午进行，以保证叶片在干爽的情况下过夜，减少病害的发生。水分pH6.2～6.8。

生长调节　下胚轴易徒长，可用多效唑灌根。

病虫害防治 病害主要有菌核病（感染茎为主，常使整株枯死）和灰霉病（感染花为主）。预防为主，防治方法参见第五章第三节。

银叶菊 *Senecio cineraria*

科属 菊科千里光属多年生草本，作一年生栽培。

习性 喜凉爽湿润、阳光充足的气候和疏松肥沃的沙质土壤或富含有机质的黏质土壤。较耐寒，不耐酷暑，高温高湿时易死亡。可播种繁殖。种子 4 000 粒/克。

穴盘育苗（图 58）

初始基质：pH5.5～5.8，EC 0.75 毫西/厘米。

覆盖：播种后种子不覆盖。

温度：发芽适温 22～24℃，生长适温 18～24℃。

光照：发芽阶段不需要光照。

发芽天数：7～14 天。

育苗周期：5～6 周（288 穴）。

播种到盆花出售：14 周。

图 58 银叶菊穴盘苗单株

肥水管理 发芽阶段对基质中高盐敏感，铵态氮含量应低于 10 毫克/千克。子叶展开后开始施用 14-0-14 或硝酸钙、硝酸钾，氮浓度 50～75 毫克/千克。真叶长出后氮浓度提高到 100～150 毫克/千克，20-10-20 和 14-0-14 交替施用。每施 2 次肥浇 1 次清水。施肥、浇水均应在上午进行。Ⅱ、Ⅲ、Ⅳ阶段应注意基质中钠离子的含量不能高于 40 毫克/千克，否则易引起生长缓慢甚至停滞。

生长调节 必要时用丁酰肼、多效唑控制株高，同时能改善叶色。

病虫害防治 易患猝倒病；叶片上有时出现不规则的棕色或黑色斑点，可能是链格孢菌病，应保持叶片干燥的同时使用相应的杀菌剂。虫害为蓟马、红蜘蛛。防治参见第五章第三节。

瓜叶菊 *Senecio cruentus*

科属 菊科千里光属多年生草本，作一、二年生栽培。

习性 喜凉爽怕高温，不耐寒，怕雨涝、强光与霜冻。可播种繁殖，种子 3 500～4 500 粒/克。

穴盘育苗

初始基质：pH5.5～5.8，EC0.75 毫西/厘米。

覆盖：播种后种子不覆盖。

温度：发芽 18～22℃，生长 14～20℃。

发芽天数：7～10 天。

育苗周期：7～8 周（200 穴）。

播种到开花：13～15 周。

肥水管理 子叶完全展开时，开始施用 50～75 毫克/千克的水溶性肥料，可用 20-10-20 与 14-0-14 肥料交替施用。真叶开始迅速生长后浓度可提高到 100～150 毫克/千克。尽量在上午浇水或施肥，以使叶片在干燥的状态下过夜。

生长调节 光照弱、湿度大、过多的氮肥易使叶柄徒长，可通过增强环境光照、增加通风、多施硝态氮肥、控制水分供应来防止徒长，必要时可使用丁酰肼或多效唑控制株型。

病虫害防治 瓜叶菊的病害主要有灰霉病、茎腐病、白粉病、叶斑病等，虫害主要有蚜虫、红蜘蛛，可参见第五章第三节进行药物防治。

桂圆菊 *Spilanthes oleracea*

科属 菊科金纽扣属一、二年生草本。

习性 喜温暖、湿润，不耐寒，喜日照充足，也耐半阴。要求基质微酸性、排水良好。播种繁殖。种子 4 100 粒/克。

穴盘育苗（图 59）

初始基质：pH5.5～6.3，EC0.75 毫西/厘米。

覆盖：播种后用粗蛭石轻微覆盖种子。

温度：发芽温度22～24℃，幼苗生长温度16～24℃。

湿度：胚根出现前保持基质高湿，一旦胚根出现，逐渐降低基质湿度，使根系迅速向下生长，但不要使幼苗萎蔫。子叶出土前保持95%的空气湿度，子叶充分展开后逐渐降低。

图59　桂圆菊穴盘苗单株

光照：发芽期间100勒克斯左右的光照利于种子萌发整齐一致，生长期间光照10 000～30 000勒克斯。

发芽天数：4～6天。

育苗周期：4～6周（406穴）。

播种到开花：12～14周（12厘米盆）。

肥水管理　子叶展开后开始施用50～75毫克/千克的15-0-15，后期逐渐氮浓度提高到100～150毫克/千克。

病虫害防治　花芽形成或开花期注意防治螨虫。平时注意通风，发生时可用吡虫啉1 000～1 200倍液或20%三氯杀螨醇1 000倍液喷洒防治。

绵毛水苏 *Stachys lanata*

科属　唇形科水苏属一年生或多年生草本。

习性　喜光，耐热，冬季冷床越冬，最低可耐－18℃的低温。喜排水良好的沙壤土。播种繁殖，集束丸粒化种子560粒/克。

穴盘育苗（图60）

初始基质：pH5.5～6.1，EC小于0.75毫西/厘米。

覆盖：播种后粗蛭石覆盖。

温度：发芽18～24℃，生长温度18～22℃。

湿度：发芽期维持较高的基质湿度（90%～100%）直到胚根

出现；维持较高的空气湿度（95%）直到子叶出现。

光照：发芽期间无特殊要求，黑暗、光照均可。

发芽天数：5～6 天。

育苗周期：5～7 周。

播种到上盆出售：12～14 周（10 厘米盆）。

图 60　绵毛水苏穴盘苗单株

肥水管理　胚根穿透包衣后逐渐降低基质湿度。子叶出现后开始施用 50～75 毫克/千克的 15－0－15 种苗专用肥，子叶展开后氮的浓度提高到 100～150 毫克/千克。快速生长期与 20－10－20 交替施用。叶面有毛，注意保持叶面干燥。

生长调节　使用适当浓度的多效唑或丁酰肼，可控制叶柄长度，同时改善叶色。

病虫害防治　日常注意叶面的清洁，无严重的病虫害。

万寿菊 *Tagetes erecta*

科属　菊科万寿菊属一年生草本。

习性　性喜温暖、向阳，也耐凉爽和半阴。生长强健，对土壤要求不严，病虫害较少。播种繁殖，300～500 粒/克。

穴盘育苗

初始基质：pH6.2～6.5，EC0.75 毫西/厘米。

覆盖：播种后种子用粗蛭石覆盖。

温度：发芽温度 20～24℃，生长温度 15～28℃。

湿度：基质湿度 95%以上。

光照：发芽后光照强度不超过 25 000 勒克斯。

发芽天数：5～7 天。

育苗周期：3～4 周。

播种到开花：16～18 周。

肥水管理 子叶完全展开后施用50～75毫克/千克的肥料，可用20-10-20和14-0-14交替施用。后期浓度提高到150～200毫克/千克。温度低于18℃以下时少施铵态氮肥，多施硝态氮肥，可适当增施镁肥。基质中钙的水平为120～175毫克/千克。基质pH6.0以下易出现铁中毒（生理性病害），新叶产生褐色斑点，坏死，下部叶变黄，焦灼，花期尤其敏感。可通过提高基质pH到6.0以上来解决。

生长调节 可用丁酰肼、多效唑、环丙嘧啶醇控制株高。必要时可重复喷洒。

病虫害防治 病害主要是病毒病、枯萎病；虫害为蚜虫和红蜘蛛。

常见问题 基质pH过低（5.5～6.0）易造成铁、钠、锰中毒，症状为低位叶变黄或叶缘变棕色或干枯。苗期避免徒长；长期高温、高光（超过27 000勒克斯）、缺水的环境条件易形成“小老苗”。

孔雀草 *Tagetes patula*

科属 菊科万寿菊属一年生草本。

习性 喜温暖、向阳，也耐凉爽和半阴，抗性较强。但能耐早霜；耐旱力强，忌多湿。适应性强，对土壤要求不严。播种繁殖，种子240～370粒/克。

穴盘育苗

初始基质：pH6.2～6.5，EC0.75毫西/厘米。

覆盖：播种后种子用粗蛭石覆盖。

温度：发芽22～24℃，生长温度15～28℃。

发芽天数：3～4天。

育苗周期：3～4周。

播种到开花：16～18周。

肥水管理 参照万寿菊。早春育苗时基质低温易造成磷的吸收困难使下位叶变紫。

病虫害防治　同万寿菊。

土人参 *Talinum paniculatum*

科属　马齿苋科土人参属多年生直立草本，作一、二年生栽培。

习性　喜温暖湿润环境，可耐36℃高温，不耐寒。对土壤适应性较强。耐炎热潮湿的气候，也耐干旱。喜光，也耐半阴。可播种繁殖。

穴盘育苗（图61）

初始基质：pH5.5～6.0，EC小于0.75毫西/厘米。

覆盖：播种后用蛭石轻微覆盖。

温度：发芽温度20～24℃，生长温度18～22℃。

湿度：基质保持潮湿（水分含量80%～90%），一直到胚根露出。

光照：发芽期间不需光照，子叶展开后光照逐渐提高到20 000～50 000勒克斯。

图61　土人参穴盘苗单株

发芽天数：5～7天。

育苗周期：5～7周（400到288穴盘）。

播种到盆花出售：10～12周（10厘米盆）。

肥水管理　子叶展开后开始施用浓度75～100毫克/千克的14-0-14或硝酸钙、硝酸镁。后期氮的浓度提高到150～175毫克/千克，与20-10-20交替施用。

病虫害防治　叶片易受食叶类害虫为害，可用10%氯氰菊酯4 000倍液防治。

夏堇 *Torenia fournieri*

科属　玄参科蝴蝶草属一年生草本。

习性 喜温暖、潮湿、半阴的环境，也耐高温和阳光照射。能自播，喜土壤排水良好。播种繁殖。种子 13 000 粒/克。

穴盘育苗

初始基质：pH5.5～5.8，EC0.5～0.75 毫西/厘米。

覆盖：播种后种子不覆盖。

温度：发芽最适温度 22～24℃，生长温度 18～21℃。

湿度：发芽期间基质湿度保持 90%，空气湿度保持 90%～100%。胚根突破种皮后逐渐降低空气湿度，以减少病害的发生。

光照：发芽期间照光可促使发芽整齐一致。子叶露出后光照逐渐上升到 10 000 勒克斯。真叶出现后 10 000～24 000 勒克斯。具 4～5 片真叶后在保持温度不致过高的情况下尽可能维持 24 000～36 000勒克斯的光照。

发芽天数：7～10 天。

育苗周期：6～8 周。

播种到开花：12～15 周。

肥水管理 真叶出现前一直保持基质均匀潮湿。第一对真叶露出后基质水分逐渐降低，至第二对真叶出现后进行基质的干湿循环，即每次浇水前允许基质有一轻微干燥的过程，但不应使叶片萎蔫。第Ⅱ阶段开始施用 50～100 毫克/千克的氮肥，20-10-20 与 13-2-9（硝态氮为主）交替施用。叶面喷肥次数与浇水间隔。

生长调节 使用负的昼夜温差、控水以控制植株生长，必要时施用多效唑。

病虫害防治 无严重的病害。虫害主要是蚜虫。防治参见第五章第三节。

美女樱 *Verbena hybrida*

科属 马鞭草科马鞭草属一年生或多年生草本。

习性 喜温暖湿润的气候，半耐寒，喜阳光，不耐阴。不耐干旱，也忌水湿，在排水良好的疏松基质中生长良好。可播种繁殖。种子 350 粒/克。

穴盘育苗

初始基质：pH5.8～6.2，EC0.5～0.75 毫西/厘米。

覆盖：播种后种子用蛭石覆盖。

温度：发芽温度 22～25℃，生长温度 15～25℃。

湿度：发芽期间基质湿度 85%～90%，湿度过大降低发芽率；空气湿度 95%。

光照：发芽期间不需要光照。子叶展开后光照强度提高到 27 000勒克斯以下。炼苗阶段温度可控的情况下光照可提高到 54 000勒克斯。

发芽天数：12～18 天。

育苗周期：5～6 周。

播种到开花：18～20 周。

肥水管理　基质保持微潮偏干。子叶充分展开后开始施用50～75 毫克/千克的氮肥，可以 15－0－15 和 20－10－20 交替使用。后期浓度逐渐上升到 100～150 毫克/千克。

生长调节　真叶展开后可用 10 毫克/千克环丙嘧啶醇或 1 000～1 300 毫克/千克的丁酰肼或适宜浓度的矮壮素控制徒长。

病虫害防治　易患白粉病、猝倒病；虫害为蓟马、螨类。防治参见第五章第三节。

三色堇 *Viola tricolor*

科属　堇菜科堇菜属二年生草本。

习性　喜冷凉环境，耐寒，为冷季植物，气温高易徒长。喜光照充足，也耐半阴。播种繁殖，种子 700 粒/克。

穴盘育苗

初始基质：pH5.8～6.0，EC 0.5～0.75 毫西/厘米。

覆盖：播种后种子用蛭石覆盖。

温度：发芽温度 18～20℃，生长温度 13～22℃。

湿度：发芽期间基质湿度 95%左右，基质在Ⅰ、Ⅱ阶段过干或过湿将导致发芽不整齐。

光照：发芽阶段不需要光照。发芽后 30 000 勒克斯以下的光照利于培育质量好的种苗。

发芽天数：7～10 天。

育苗周期：6～7 周。

播种到开花：14～16 周。

肥水管理 子叶完全展开后开始喷施 50～75 毫克/千克的 14-0-14 或硝酸钙、硝酸钾；基质铵浓度大于 5 毫克/千克将引起幼苗徒长。真叶快速生长阶段，氮浓度可提高到 75～100 毫克/千克，可与 20-10-20 交替施用。浇水要适度，过湿容易造成茎部腐烂，引发病害；过干容易造成植株萎蔫。

生长调节 必要时可用丁酰肼（500～3 000 毫克/千克）、矮壮素（1 000～3 000 毫克/千克）、多效唑（5～80 毫克/千克）防治。注意高温条件下过量施用丁酰肼 5 000 毫克/千克可造成叶片畸形或起皱。

病虫害防治 生理性病害：缺硼（基质低于 0.5～0.7 毫克/千克，或植物组织低于 50～60 毫克/千克）会造成秃顶苗（没有心叶）；叶片畸形或起皱可能是植物组织钙含量低于 1.75%。三色堇的侵染性病害主要是苗期猝倒病、生长期茎腐病；虫害主要有夜蛾、蚜虫等。防治参见第五章第三节。

百日草 *Zinnia elegans*

科属 菊科百日草属一年生草本。

习性 喜温暖，耐高温，不耐寒。喜阳，也可耐半阴。较耐干旱，湿度大时易染病害。播种繁殖。种子 122 粒/克。

穴盘育苗

初始基质：pH6.0～6.2，EC0.75 毫西/厘米。

覆盖：播种后种子用蛭石覆盖。

温度：发芽温度 20～24℃，生长温度 15～29℃。

湿度：保持基质适度偏干。

光照：发芽需要暗环境。

发芽天数：3～7 天。

育苗周期：4～5 周。

播种到开花：15～16 周。

肥水管理　Ⅱ阶段开始喷施 50～75 毫克/千克的氮、磷、钾复合肥，可以 15-0-15 和 20-10-20 交替使用，后期氮浓度上升到 100～150 毫克/千克。育苗期间基质不宜太湿。

生长调节　可采用控制水分、调节负的昼夜温差控制徒长，必要时可用矮壮素、丁酰肼控制株高。

病虫害防治　高温多湿易患灰霉病、猝倒病，要加强通风，增强光照，防止真菌性疫病的传播蔓延。药剂防治参见第五章第三节进行。

第二节　宿根类

聚花风铃草 *Campanula glomerata*

科属　桔梗科风铃草属多年生草本。

习性　喜凉爽干燥的气候，能耐轻度霜冻。喜光照充足或部分遮阴，在腐殖质丰富、排水良好而湿润的土壤上生长良好。

穴盘育苗

温度：发芽温度 18～25℃，生长温度 14～20℃。

光照：种子萌发需光，不要覆盖，否则影响种子萌发。光照 100～1 000 勒克斯。

发芽天数：10～15 天。

育苗周期：6～8 周。

播种到开花：8～10 周（13 厘米盆）。

肥水管理　Ⅱ阶段可施用含氮的钙肥（如硝酸钙），氮的浓度 50～75 毫克/千克。从Ⅲ阶段浓度可逐渐提高到 100～150 毫克/千克。对高的 EC 敏感。

生长调节　对丁酰肼和矮壮素敏感，需要使用时注意浓度。

病虫害防治 常见虫害有蓟马、螨。防治参见第五章第三节。

毛地黄 *Digitalis purpurea*

科属 玄参科毛地黄属多年生草本。

习性 喜凉爽，较耐寒，可在半阴处生长。可播种繁殖。

穴盘育苗

初始基质：pH5.5～5.8，EC 0.75 毫西/厘米。

覆盖：播种后种子不覆盖。

温度：发芽温度 16～18℃，生长温度 13～18℃。

湿度：基质湿润但不饱和。

光照：发芽期 1 000～4 000 勒克斯的光照利于种子萌发。之后逐渐将光照提高到 10 000～15 000 勒克斯。炼苗阶段可提高到 25 000勒克斯。

发芽天数：7～10 天。

育苗周期：5～6 周。

肥水管理 发芽期间对基质中的高盐敏感，铵态氮的浓度应小于 10 毫克/千克。子叶展开后开始施用 50～75 毫克/千克的 14-0-14 或硝酸钙、硝酸钾等硝态氮肥，真叶迅速生长期氮浓度提高到 150～200 毫克/千克，20-10-20 和 14-0-14 交替施用，后期补施 1～2 次硝酸镁或硫酸镁。浇水尽量在上午进行，避免叶片在潮湿的状态下过夜。

病虫害防治 常发生枯萎病、花叶病；虫害为蓟马、蚜虫。防治参见第五章第三节。

松果菊 *Echinacea purpurea*

科属 菊科紫松果菊属宿根花卉。

习性 性强健耐寒，喜光照充足，在深厚肥沃、富含腐殖质的土壤上生长良好。可播种繁殖，种子能自播繁衍，320 粒/克。

穴盘育苗（图 62）

初始基质：pH5.8～6.5，EC0.75 毫西/厘米。

覆盖：播种后种子粗蛭石覆盖。

温度：发芽温度 22～24℃，生长温度 16～25℃。

湿度：发芽期间基质保持潮湿但不饱和。

图 62　松果菊穴盘苗单株

光照：发芽阶段不需要光照，发芽后逐渐上升到10 000～20 000勒克斯，育苗阶段在温度可控的情况下可以达到 50 000 勒克斯。

发芽天数：10～14 天。

育苗周期：5～7 周。

播种到开花：18～20 周。

肥水管理　子叶出现后开始施用 50～75 毫克/千克的水溶性全元素复合肥，可以 20-10-20 与 14-0-14 交替应用。真叶生长阶段将氮浓度提高到 120～150 毫克/千克。浇水与施肥尽量在上午进行，避免叶片在湿润状态下过夜。

生长调节　温度长期低于 15℃易引起莲座化，可喷施 15～30 毫克/千克赤霉素防止。高温高湿的情况下茎叶易徒长，必要时可用丁酰肼、多效唑控制。

病虫害防治　无严重虫害。秋季易发生白粉病。防治参见第五章第三节。

天人菊 *Gaillardia aristata*

科属　菊科天人菊属一年生或多年生草本。

习性　耐热，耐旱；喜阳光充足。可播种繁殖，种子 600 粒/克。

穴盘育苗

初始基质：pH5.8～6.2，EC0.75 毫西/厘米。

覆盖：播种后种子轻微覆盖。

温度：发芽温度 20～22℃，生长温度 8～25℃。

湿度：发芽期间基质湿度 90%。

光照：光照对发芽有促进作用。子叶出现后提高光照到 10 000～20 000 勒克斯，炼苗阶段 35 000 勒克斯。

发芽天数：7～10 天。

育苗周期：6～8 周。

播种到开花：14～16 周。

肥水管理 育苗Ⅱ阶段开始施用 50～75 毫克/千克的全元素水溶性肥，铵态氮与硝态氮交替，真叶迅速生长阶段氮浓度提高到 150 毫克/千克。保持基质湿润偏干。真叶出现后每次浇水前允许基质有一适当干燥得过程。

病虫害防治 无严重的病虫害。

矾根 *Heuchera* spp.

科属 虎耳草科矾根属多年生草本。

习性 性耐寒，喜光照充足至半阴的环境，在排水良好的碱性土壤中生长良好。可播种繁殖，种子 14 000～18 000 粒/克。

穴盘育苗（图 63）

初始基质：pH5.6～6.2，EC0.75 毫西/厘米。

覆盖：播种后种子不需要覆盖。

温度：发芽温度 20～22℃，生长温度 18～22℃。

湿度：基质湿度 95%，空气湿度 95%～97%。子叶出现后空气湿度降低到 75%～80%。

图 63　矾根穴盘苗单株

光照：1 000 勒克斯的光照

利于种子萌发，子叶出现后光照逐渐提高到 27 000 勒克斯。炼苗阶段温度可以控制得情况下光照强度可以提高到 54 000 勒克斯。

发芽天数：10～14 天。

育苗周期：7～8 周。

播种到开花：18～22 周。

肥水管理　Ⅲ阶段开始每周施用 1 次 50 毫克/千克的 14-0-14 或硝酸钙、硝酸钾，最低的铵态氮施用量以避免幼苗徒长。炼苗阶段氮浓度提高到 100 毫克/千克。怕涝忌旱，避免基质过干过湿。幼苗初期养护宜用细雾喷头。

生长调节　可使用适宜浓度的矮壮素、丁酰肼、多效唑等控制幼苗徒长。

病虫害防治　常见的病害为白粉病、锈病、根腐病；虫害为线虫病。防治参见第五章第三节。

火把莲 *Kniphofia uvaria*

科属　百合科火把莲属多年生草本。

习性　性强健耐寒，最低温度－15℃。喜光照充足，忌水涝，在排水良好的土壤中生长良好。可播种繁殖。

穴盘育苗

初始基质：pH5.5～6.5，EC0.75 毫西/厘米。

覆盖：播种后覆盖蛭石。

温度：发芽温度 15～18℃，生长温度 15～35℃。

发芽天数：14～20 天。

育苗周期：5～6 周。

播种到开花：16～18 周。

肥水管理　当子叶出现后立即施用 100 毫克/千克的液肥，并适当调高磷、钾、钙元素在肥液中的比例，当子叶完全展开后施肥浓度应适量加大至 200 毫克/千克，第一片真叶长出后，肥液浓度应加大至 300 毫克/千克左右。

生长调节　必要时可以使用植物生长调节剂。

病虫害防治 常见病害是黄叶病。症状是叶片尖端枯萎变黄，可用石硫合剂200倍液喷洒防治，2天之后再喷一次。

薰衣草 *Lavandula angustifolia*

科属 唇形科薰衣草属多年生草本。

习性 喜阳光，耐热、耐旱、耐寒、耐瘠薄，抗盐碱。可播种繁殖，种子700～1 300粒/克。

穴盘育苗

初始基质：pH5.5～6.5，EC0.7～1.2毫西/厘米。

覆盖：播种后种子用蛭石轻微覆盖。

温度：发芽适温18～22℃，生长适温15～30℃。

湿度：发芽期间基质湿度90%～95%，空气湿度95%～97%。

光照：发芽期间照光对种子萌发有促进作用。子叶和真叶生长阶段光照可提高到30 000勒克斯。长日性植物。

发芽天数：7～10天。

育苗周期：5～6周（288穴）。

播种到盆花出售：15～21周。

肥水管理 子叶展开后开始施用75～100毫克/千克的水溶性氮肥，真叶迅速生长阶段氮浓度应提高到150～200毫克/千克。多施磷钾肥可以增强植株的抗性。冬季育苗注意保持叶片以干燥的状态过夜。

生长调节 Ⅲ阶段2 000毫克/千克的丁酰肼可以有效控制株高。

病虫害防治 病害有灰霉病、茎腐病；虫害有根结线虫、螨类、蓟马。防治参见第五章第三节。

剪秋罗 *Lychnis senno*

科属 石竹科剪秋罗属多年生草本。

习性 喜凉爽，性耐寒。喜日照充足又稍耐阴。耐石灰质土壤。种子1 660粒/克。

穴盘育苗

初始基质：pH5.8～6.5，EC0.75～1.0毫西/厘米。

覆盖：播种后种子用蛭石覆盖。

温度：发芽18～20℃，生长温度10～25℃。

湿度：基质湿度90%。

发芽天数：15天。

育苗周期：5～6周。

播种到开花：16～18周。

肥水管理　子叶出现后立即施用100毫克/千克的液肥，子叶完全展开后施肥浓度应适量加大至200毫克/千克，第一片真叶长出后，肥液浓度应加大至300毫克/千克左右。

生长调节　可使用矮壮素等化学药剂加以控制。

病虫害防治　常发生叶斑病、锈病。防治参见第五章第三节。

附 录

附表 1 不同育苗基质的特性

基质	密度（千克/米^3）	选用规格（毫米）	持水量（%）	透气性
蛭石	170	1～3.5	420～476	一般
珍珠岩	110	3～5	<100	很好
东北草炭	400	1～2	450	好
加拿大草炭	124	1～2	662	好
玉米芯	365		272	好
锯木屑	159		362	较好
蘑菇废料	618		185	较好
稻壳	106		285	很好
泥土	949		135	一般

注：引自《中国花卉园艺》2005，2（15）。

附表 2 穴盘育苗水质评价标准

指标	很好	好	尚可	差	极差
EC（毫西/厘米）	<0.25	0.25～0.75	0.75～2	2～3	>3
pH	5.5～6.5		6.5～8.4	>8.4	

注：引自《中国花卉园艺》2005，2（15）。

附表3 一、二年生花卉穴盘苗生长周期与穴孔数的关系

花卉名称	从播种到移栽的时间（周）			
	800孔	406孔	288孔	128孔
大花藿香蓟	4～5	5～6	6～7	7～8
香雪球	4～5	5～6	6～7	7～8
天冬草	—	10～12	—	12～4
翠菊	3～4	4～5	5～6	—
四季秋海棠	7～8	8～9	9～10	10～11
球根秋海棠	8～9	9～10	10～11	11～12
长管弯头花	6～7	7～8	8～10	9
金盏菊	3	4	5	—
羽状鸡冠花	4～5	5～6	6	6
彩叶草	5～6	6～7	7	7～8
石竹	4～5	5～6	6～7	7～8
银叶菊	5～6	6～7	7～8	8
观赏茄	—	5～6	6～7	7
羽衣甘蓝	—	3～4	4～5	—
勋章菊	5	5～6	6～7	7～8
天竺葵	—	5	6	7
非洲凤仙	4～5	5～6	6～7	7～8
洋桔梗	9～10	10～11	11～12	12～13
半边莲	5	6	7	7
孔雀草/万寿菊	3～4	4～5	5～6	5～6
花烟草	4～5	5～6	6～7	7～8
三色堇	4～5	5～6	6～7	7～8
观赏辣椒	—	5～6	6～7	7～8
矮牵牛	4～5	5～6	6～7	7～8

（续）

花卉名称	从播种到移栽的时间（周）			
	800孔	406孔	288孔	128孔
大花马齿苋	5～6	6～7	7～8	7～8
多花报春	—	8～10	10～12	12～14
花毛茛	—	9～11	11～12	12～14
鼠尾草	5～6	6～7	7～8	8
一串红	4～5	5～6	6～7	7
金鱼草	4～5	5～6	6～7	7
观赏番茄	—	4～5	5～6	6～7
夏堇	4～5	5～6	6～7	7～8
美女樱	4～5	5～6	6～7	7～8
长春花	4～5	5～6	6～7	7～8
角堇	4～5	5～6	6～7	7～8
百日草	—	3	4	—

注：引自刘滨等译《穴盘苗生产原理与技术》。

附表4　宿根花卉穴盘苗生长周期与穴孔数的关系

花卉名称	从播种到移栽的时间（周）		花卉名称	从播种到移栽的时间（周）	
	350孔	120孔		350孔	120孔
西洋蓍草	5～7	7～9	落新妇	8～9	10～11
蜀葵	4	5	岩白菜	9	10～11
岩生庭荠	5～7	7～9	风铃草	8～9	11～12
香青	6	8	聚花风铃草	7～8	9～10
春黄菊	6	8	大丽花	5～6	6～7
大花耧斗菜	7～9	9～10	矢车菊	5～6	8
南芥	6	8	缬草	6	8
海石竹	8	10	卷耳	6	8
马利筋	6	8	艾菊（菊蒿）	6～8	8～10
紫菀	5～6	7～8	白花茼蒿	5～7	7～9

（续）

花卉名称	从播种到移栽的时间（周）		花卉名称	从播种到移栽的时间（周）	
	350 孔	120 孔		350 孔	120 孔
大花金鸡菊	6～7	8～10	堆心菊	8	10
剪秋罗	6	8	赛菊芋	6～7	8
千屈菜	5	7	矾根	7～8	10～11
美国薄荷	6～7	7～8	芙蓉葵	3～5	5～6
勿忘草	5～7	7～9	屈曲花	6～8	8～10
荆芥	5	6	火把莲	8	10
月见草	7～8	9～10	山藜豆	7	9
野罂粟	7～9	9～11	熏衣草	8～9	11～12
金光菊	6～7	8～9	火绒草	8	10
宿根鼠尾草	6	8	蛇鞭菊	8	10
景天	7～8	9～10	宿根亚麻	6	8
长生草	10～11	13～14	山梗菜(半边莲)	7～8	9～10
水苏	5～6	6～7	羽扇豆	4	5
婆婆纳	5	7	东方罂粟	7～8	8～10
小冠花	5	7	钓钟柳	5	7
蒲苇	6	8	酸浆	5	7
大花飞燕草	6～8	8～10	假龙头花	7	9
毛地黄	6～7	8～9	桔梗	6	8
多榔菊	6	8	花葱	7	9
紫松果菊	5～7	7～9	委陵菜	6	8
蓝刺头	6	8	地中海岩菊	8	10
大戟	6	8	虎耳草	9～10	11～12
羊茅	6～7	7～9	蓝盆花	4～5	6～7
天人菊	5～7	7～9	补血草	7～8	9～11
路边青	6～8	9～11	百里香	7	9
丝石竹	5～6	8～9	堇菜	5～7	6～8

注：引自刘滨等译《穴盘苗生产原理与技术》。

参考文献

葛红英，江胜德．2003. 穴盘种苗生产．北京：中国林业出版社．

李善军，张衍林，艾平，等．2008. 温室环境自动控制技术研究应用现状及发展趋势．温室园艺，2：20－21.

刘师汉．1994. 实用养花技术手册．北京：中国林业出版社．

欧长劲，郭伟，蒋建东，等．2009. 设施农业基质消毒技术与设备的现状和发展．农机化研究，31（3）：210－233.

斯太尔 R C，科兰斯基 D S. 2006. 刘滨，周长吉，孙红霞，等．译．穴盘苗生产原理与技术．北京：化学工业出版社．

王丽勉，金炳胜．2005. 花卉穴盘苗生产的主要技术及标准．中国花卉园艺，2（15）：46－50.

韦三立．2000. 花卉化学控制．北京：中国林业出版社．

魏大为，郝康陕．2000. 居室花卉健康养护与病虫害防治．北京：中国农业出版社．

徐志龙，乔晓军．2008. 自动灌溉施肥机在设施生产中的应用．温室园艺，6：15－16.

张凡凡，滕年军．2010. CO_2施肥在温室花卉生产中应用的研究进展．安徽农业科学，31：482－485.

Fonteno W C，Bailey D A，Nelson P V. 1995. Squeeze your plugs for simple and accurate nutrient monitoring. Grower Talks，59（9）：22－27.

Huang Y J，Chen R D，Caldwell，et al. 2000. Interpretation of soluble salts and pH of bulk solutions extracted by different methods. Proc Fla State Hort Soc，133：154－157.

Huang Y J，Chen R D，Caldwell，et al. 2001. Introducing a multi-cavity collection method for extraction plug root-zone solutions. Proc Fla State Hort Soc，134：243－245.

Karen L B，Gast，Stevens A B. 1994. Gold Storage for plug production. Commerical Greenhouse Management.

Peterson，Kramer. 1989. Floriculture Principles and Species.

图书在版编目（CIP）数据

花坛花卉优质穴盘苗生产手册/秦贺兰主编．—北京：中国农业出版社，2012.7
ISBN 978－7－109－16848－0

Ⅰ.①花…　Ⅱ.①秦…　Ⅲ.①花卉—观赏园艺—手册
Ⅳ.①S68－62

中国版本图书馆 CIP 数据核字（2012）第 109149 号

中国农业出版社出版
（北京市朝阳区农展馆北路 2 号）
（邮政编码 100125）
责任编辑　石飞华

中国农业出版社印刷厂印刷　　新华书店北京发行所发行
2012 年 7 月第 1 版　　2012 年 7 月北京第 1 次印刷

开本：880mm×1230mm　1/32　　印张：7　　插页：10
字数：200 千字　　印数：1～3 000 册
定价：25.00 元